KB272207

탐조, 담다

글과 사진 **권동희**

1955년 강원도 횡성에서 태어나 동국대학교 사범대학 지리교육과를 졸업하고 같은 대학 대학원에서 문학박사 학위를 받았다. 동국대학교 교수를 지냈으며 현재 같은 대학 명예교수로 재직 중이다. 한국사진지리학회장과 한국지형학회장을 지냈고, 지금은 한국지형학회 고문으로 활동하고 있다.

지은 책으로는 《마실에서 만난 우리 동네 들꽃 01: 같은 듯 다른 들꽃》, 《마실에서 만난 우리 동네 들꽃 02: 울타리를 넘는 들꽃》, 《지리 이야기》, 《한국의 지형》, 《한국 지형도감》, 《드론의 경관 지형학 제주》, 《여행의 지리학》 등이 있다.

탐조, 담다

초판 1쇄 발행일 2026년 3월 27일

글과 사진 권동희
펴낸이 이원중

펴낸곳 지성사   **출판등록일** 1993년 12월 9일   **등록번호** 제10－916호
주소 (03458) 서울시 은평구 진흥로 68, 2층
전화 (02) 335－5494   **팩스** (02) 335－5496
홈페이지 www.jisungsa.co.kr   **이메일** jisungsa@hanmail.net

ⓒ 권동희, 2026

ISBN 978－89－7889－572－9 (03490)

탐조, 담다

글과 사진 권동희

지성사

　지구상에는 약 11,000여 종, 약 500억 마리의 새가 서식한다. 그중 가장 개체수가 많은 개체는 약 16억 마리에 이르는 집참새이고, 그다음으로 약 13억 마리인 유럽찌르레기다. 제비도 11억 마리가량이다. 2025년 6월 현재 우리나라에서 관찰되는 새는 모두 598종이다. 이는 2009년 대비 16년 만에 뿔제비갈매기, 덤불때까치, 붉은꼬리때까치, 흰머리검은직박구리 등 66종이 추가된 것이다.

　새와 인간은 여러모로 닮았다. 두 발로 걸으며 주로 낮에 활동하고, 눈과 귀로 의사소통하며 대부분 일부일처제를 고수한다. 단, 새들처럼 하늘을 날지 못한다는 건 극복할 수 없는 인간의 한계다. 인간은 포유동물이면서 조류에 가깝지만 결국 조류가 아님을 확인해 주는 대목이다. 이런 유사성과 차별성이 결국 인간을 탐조(探鳥)의 세계로 이끄는 매력이 아닐는지 모르겠다.

　탐조란 글자 뜻 그대로 '새를 찾는 행동'이다. 영어로는 버드워칭(birdwatching) 또는 간략하게 버딩(birding)이라고 한다. 탐조의 역사는 수렵채집 시대로 거슬러 올라간다. 당시 탐조는 먹거리로 새를 사냥하기 위한 하나의 예비 행동이었다. 그러나 현대인들에게 탐조는 즐거운 여가생활 중 하나다.

　탐조는 전적으로 새와 나의 일대일의 관계이지만, 그 결과로 얻는 즐거움은 공유와 소통을 통해 몇 배로 증폭된다. 이 책은 탐조인들에게 들려주는 필자의 아주 짧고 얕은 경험의 기록이다. 이 책이 이제 막 탐조의 세계로 들어선 입문자이든, 오랜 시간의 경험을 가진 전문 탐조인이든 공감의 즐거움을 마음껏 누리는 작은 자료로 쓰이기를 기대해 본다.

은 아니다. 오랜 시간 새를 찾아다닌 경험이 있는 탐조인들 사이에서 '국민 포인트'
로 통하는 탐조지가 있기 때문이다.

국민 포인트란 일단 접근하기 쉽고, 비교적 가까운 거리에서 새의 활동 시기만
잘 맞추면 언제라도 새를 볼 수 있는 장소를 말한다. 이런 면을 고려하여 이 책에
서는 국민 포인트 14곳을 선정하여 〈부록 1〉에 실었다.

국민 포인트는 이제 막 탐조에 입문한 사람이나 일반인에게 안내자 역할을 할
수 있을 것이다. 필자의 경우는 대표적 국민 포인트 중 하나인 남양주 팔당의 참
수리를 대상으로 본격적인 탐조 생활을 시작했다.

 ### 《한국조류목록》 변경 사항

탐조인들이 기본적으로 사용하는 자료는 조류도감이다. 그러나 새를 관찰하다
보면 도감에 나오지 않는 개체도 있다. 이때 필요한 것이 《한국조류목록》(한국조류학
회)이다. 국내 조류목록은 2009년에 발간한 이후 16년 만인 2025년 6월에 개정판
이 나왔다. 〈부록 2〉에서는 이 개정판에 새롭게 추가되거나 제외된 종을 실었다.

- 본문 사진은 왼쪽에서 오른쪽 순서로 배치했다.
- 특별히 동작의 연속성을 나타내거나 주제가 다른 사진을 함께 배치할 경
  우 1. 2. 등으로 표기했다.
- 본문 사진 가운데 촬영 장소나 시간이 다른 사진은 반괄호로 표기했으며,
  이와 관련된 연속 장면은 A, B 등 알파벳으로 표기했다.

| 차례 |

가을

겨울

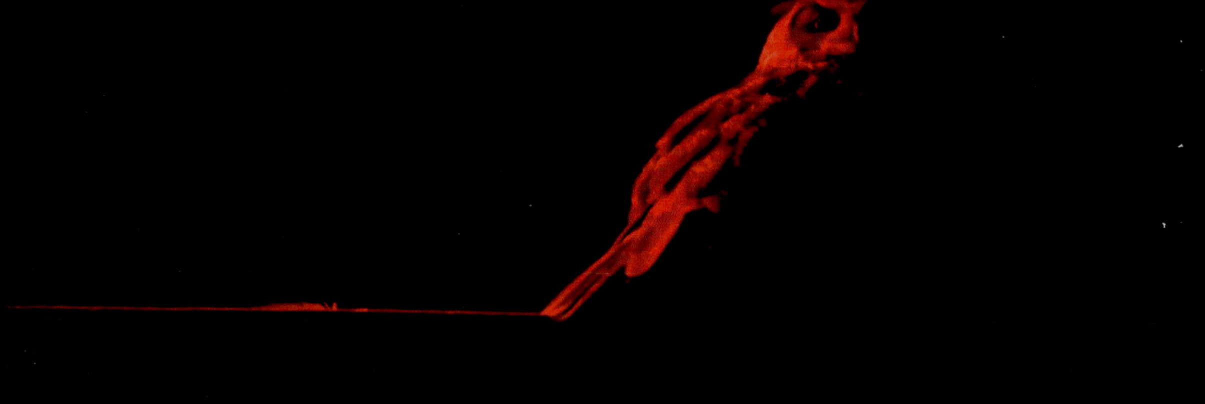

하루의 마무리(2024. 3. 25. 오전 5:35, 전북 군산 월연교회) 밤 동안 먹이 활동을 마친 수리부엉이가 해 뜨기 직전 지붕 위에서 잠시 휴식을 취하고 있다. 수리부엉이는 이곳을 마치 홰처럼 활용하는 듯하다. 이 시간대는 빛이 거의 없어 첨탑의 조명 덕분에 간신히 사진을 촬영할 수 있었다. 일출과 함께 수리부엉이는 어두운 숲속 보금자리를 향해 조용히 날아갔다.

알품기(2025. 1. 22. 오전 11:22, 전북 군산 옥구) 수리부엉이는 모든 새 중 가장 이른 시기에 알을 품는다.

새끼 곁을 지키는 어미 알에서 깨어난 새끼들은 둥지 안에서 어미와 함께 많은 시간을 보낸다.
1) 2024. 2. 2. 오후 1:43, 경기 안산 대부도

2) 2025. 4. 20. 오후 3:25~5:04, 강원 양양: 이 가족은 다른 수리부엉이에 비해 상대적으로 상당히 늦게 새끼들을 낳아 기르고 있다. 생태환경에 따라 얼마나 다양한 흐름으로 새들이 살아가는지를 보여주는 좋은 예다.

2)-A	2)-B
2)-C	2)-D

둥지에 홀로 남은 새끼들(2025. 4. 2. 오후 2:54, 경기 안산 대부도) 알을 품기 시작한 지 약 2달 정도 지나 새끼들이 어느 정도 자라면 어미는 낮 동안 둥지를 비우기 시작한다. 이 시기에는 새끼들만이 둥지를 지키고 있는 모습이 자주 목격된다.

먹이를 통째로 삼키는 새끼(2024. 2. 23. 오후. 3:30~45, 경기 안산 대부도) 밤새 어미가 먹잇감을 사냥해 둥지에 놓아두면 낮 동안 새끼들은 수시로 먹이를 먹으며 몸을 키워간다. 큰 먹이도 먹을 수만 있으면 형제끼리 나누기보다 혼자 통째로 삼킨다. 그러나 먹이를 놓고 형제끼리의 다툼은 거의 일어나지 않는다. 이 사진의 새끼는 아직 훈련이 되지 않은 탓인지 새 한 마리를 통째로 삼키는 데 약 15분이 걸렸다.

2차 번식(2024. 3. 24. 오후 6:25, 전북 군산 월연교회) 여러 원인으로 1차 번식에 실패한 뒤 간혹 2차 번식에 들어가는 수리부엉이 가족을 만날 수 있다.

둥지를 벗어나 육추를 이어가는 수리부엉이 가족 수리부엉이는 대부분 새끼가 둥지를 벗어나도 멀리 가지 않고 둥지 인근에서 육추를 이어간다. 새끼들이 있는 곳 주변에 어미 새가 경계하면서 먹이를 잡아다가 먹인다. 간혹 이 가족은 원래 둥지로 돌아가서 잠시 쉬기도 한다.
1) 둥지를 벗어난 새끼 수리부엉이들: (왼쪽) 2025. 3. 13. 오후 6:18, 경남 산청,   (오른쪽) 2025. 3. 19. 오후 6:44, 경남 산청

2) 새끼들 주변에서 경계하는 어미 수리부엉이(2025. 3. 13. 오후 6:29, 경남 산청)

3) 덤불 뒤쪽에 숨어 있는 새끼들 곁에 바짝 붙어 경계하는 어미 수리부엉이(2025. 3. 15. 오전 11:52, 대
구 팔현습지)

놀이를 즐기는 수리부엉이(2025. 7. 30. 오전 7:31, 전북 전주) 새들도 사람들처럼 놀이를 즐긴다. 이 수리부엉이는 절벽 위에서 나뭇가지 하나를 주워 한참을 가지고 놀다가 그것도 싫증이 났는지 한쪽으로 휙 집어 던지고 숲속으로 날아들었다.

놀이하기

소설가 에이미 탄은 5년여 동안 그녀의 집 뒷마당에서 새를 관찰하던 중 어느 날 우연히 참새목 중 하나인 캘리포니아토히(California towhee)들이 옹벽에서 쏟아지는 폭포수에 올라타 미끄럼타기를 즐기는 놀라운 장면을 목격했다. 캘리포니아토히들은 순서대로 자기 차례를 기다리며 반복해서 이 놀이를 즐겼고, 다른 몇몇 새들은 옆 덤불에 앉아 이 광경을 흥미롭게 구경하기까지 했다. 새들의 세계는 알면 알수록 흥미롭다.

그러나 모든 새가 놀이를 즐기는 것은 아니다. 동물의 지능을 연구한 에머리와 클레이턴은 놀이를 하는 새는 전체의 1퍼센트에 불과하며, 새들도 놀이를 하면서 앞으로 살아갈 삶을 준비하는 것은 물론 놀이를 즐기면서 스트레스를 푼다고 했다. 그러니 탐조할 때 우연히 놀이를 즐기는 새를 만나면 아주 귀한 순간을 포착한 것이니 그 상황을 충분히 관찰하고 즐기고 사진으로 담아내 보자.

어느 수리부엉이 가족과 함께한 23일

장소 : 경북 영천

기간 : 2024. 3. 4.~3. 26.

수리부엉이는 가장 가까이에서, 가장 오랜 시간, 가장 세밀하게, 가장 다양한 모습을 관찰할 수 있는 새 중 하나다. 이른 봄, 필자는 운 좋게도 한 수리부엉이 가족의 육추 과정을 23일 동안 지켜볼 수 있는 기회를 얻었다. 눈이 오나 비가 오나 하루도 빠짐없이 해 뜨기 전에 만나 해가 져서야 헤어졌으니 서로 눈을 마주친 시간만 해도 대략 276시간이다. 이 기간, 그들의 속내는 알 수 없지만 적어도 필자는 그들의 '한 가족'이 되었다.

3월 4일

갓 눈을 뜬 어린 새끼가 어미 품속에서 살짝살짝 머리를 내민다. 아직 차가운 날씨에 감기라도 걸릴까 봐 어미는 새끼가 나오지 못하게 머리를 꾹꾹 누른다. 새끼의 가냘픈 날개가 얼핏 드러나는 것도 어미는 내내 신경이 쓰이는 듯 보인다.

오전 10:57

오후 4:26

오후 5:09

새끼를 보호하려는 어미의 눈빛이 예사롭지 않다. 그런 어미 품속에서 어린 새끼는 평화로운 시간을 보낸다.

오전 11:56   오전 11:57   오전 11:57

새끼의 덩치가 제법 커지면서 어미 품 밖으로 나오는 횟수가 많아진다. 어미도 이젠 그러는 새끼를 내버려둔다. 새끼는 본능적으로 펠릿(pellet, 먹이가 소화되어 남은 찌꺼기)을 토해내는 연습을 해보지만 뜻대로 되지는 않는다. 처음에는 하품하는 줄 알았는데 그게 아니었다.

오후 4:22   오후 4:39

3월 8일

차가운 봄바람이 몰아치는 날이다. 어미는 새끼를 품은 채 미동도 하지 않고 온몸으로 찬 바람을 막아준다.

오후 2:01

오후 2:11

3월 10일

드디어 어미가 새끼를 둥지에 홀로 남겨두고 바깥나들이를 시작했다. 물론 어미는 멀리 가지 않고 둥지가 보이는 가까운 나뭇가지나 바위 위에 앉아 새끼를 보살핀다. 이제부터는 새끼가 둥지 안에 혼자 있는 시간이 점점 늘어날 것이다. 새끼의 자립심을 기르는 시기가 된 것이다.

오후 3:15

오후 4:38

3월 11일

둥지를 떠난 지 만 하루 만
에 어미는 둥지로 돌아와 다
시 지극정성으로 새끼를 보살
핀다. 어미가 펠릿을 토하려고
애를 쓰자 새끼가 놀란 눈빛으
로 어미를 쳐다본다. 이것도 새
끼가 배워야 할 본능적 행동일
것이다.

3월 12일

암컷은 수컷이 잡아다 준 먹
이를 잘게 찢어 새끼에게 먹이
고 자기도 들쥐 한 마리를 통째
로 삼켜 영양을 보충한다. 이러
한 어미를 눈여겨본 새끼는 머
지않아 그대로 따라 할 것이다.

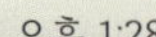

3월 13일

드디어 새끼가 펠릿을 토해내는 데 성공한다. 어미에게서 배우고 열심히 노력한 결과다. 어미는 가끔씩 펠릿을 둥지 밖으로 내다 버려 청결을 유지한다.

3월 14일

새끼는 건강한 모습으로 어미 품 안에서 한가로운 시간을 보낸다.

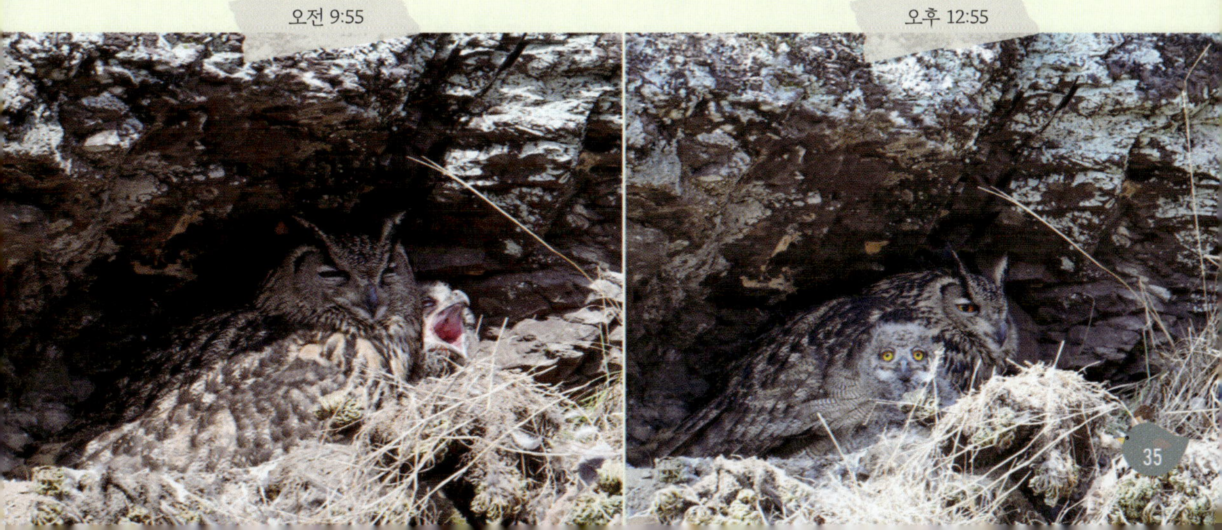

근처에서 둥지를 지키는 수컷은 자리를 잠시 옮기기도 하고 주변에서 간단한 먹이를 사냥하기도 한다. 숲속 나뭇가지를 요리조리 피해 재빨리 날아다니며 소리 없이 먹이를 낚아채는 기술은 정말 묘기에 가깝다.

오후 12:22

3월 16일

암컷은 수컷이 잡아다 놓은 새 한
마리를 통째로 삼키려다 잘 안 되니
몇 조각으로 나누어 식사를 마친다.

오후 12:22

오후 12:23

3월 17일

새끼는 어미가 없는 둥지에서 이제 똑바로 일어서기 시작했다. 덩치가 커
지니 머리가 둥지 천장에 닿을 정도다.

오후 1:34

둥지 밖 근처 소나무에 앉아 둥지를 보호하고 있는 어미는 지루한 듯 하품하고 가끔 몸을 풀기 위해 숲속을 한 바퀴 돌고 오기도 한다. 그 시간 새끼는 둥지 안에서 편안하고 여유로운 시간을 보낸다.

오전 9:18

오전 11:11

3월 19일

새끼가 똥을 싸는 모습을 처음 본 날이다. 여느 맹금류처럼 한참 시간이 걸려 엉덩이를 둥지 밖을 향해 치켜올리더니 여러 차례 나누어 오줌 섞인 똥을 갈긴다. 아직 힘과 요령이 없어서 그런지 똥은 멀리까지 날아가지 못하고 둥지 바로 앞에 떨어진다.

오전 6:56

오전 6:59

봄눈이 찬 바람과 함께 흩날리는 이른 아침, 둥지 근처로 까마귀들이 모여들자 어미가 경계에 돌입한다. 까마귀가 계속 둥지를 넘보자 급기야 둥지로 날아와 새끼를 보호한다. 그리고 잠시 후 다시 둥지를 떠난다.

오후, 혼자 있던 새끼가 어미가 잡아다 놓은 직박구리 한 마리를 통째로 입에 넣어보지만 실패한다. 머리부터 넘겨야 하는데 다리부터 넣으니 당연히 불가능하다. 새끼는 아직 배울 게 너무 많다.

| 오전 6:25 | 오전 6:26 | 오전 6:32 |

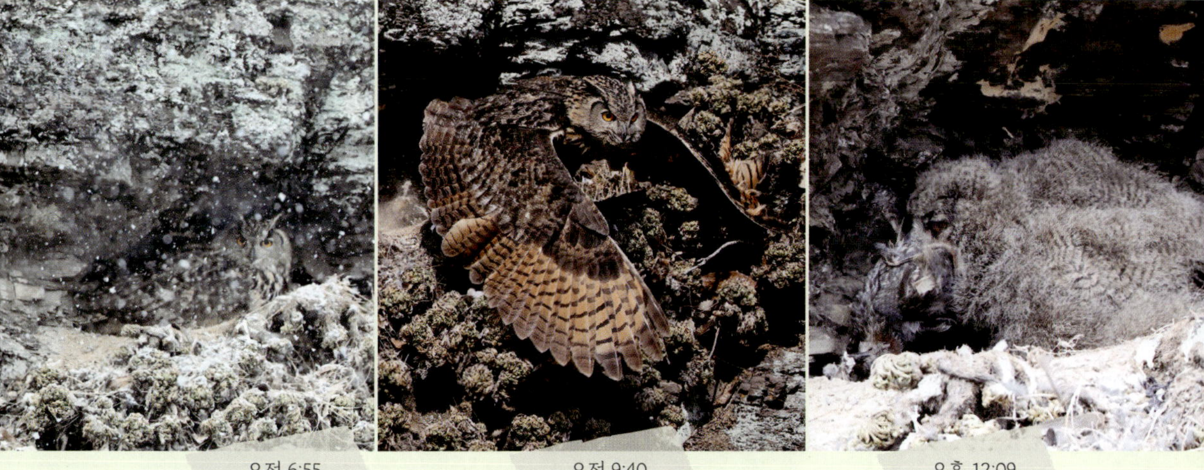

| 오전 6:55 | 오전 9:40 | 오후 12:09 |

제법 덩치가 커진 새끼가 어미가 없는 사이 바깥세상을 호기심 어린 눈빛

으로 바라본다. 이소할 시기가 다가온다는 뜻이다.

오전 11:30

덩치가 상당히 커진 새끼는 좁은 둥지 안에서 힘차게 날갯짓을 해본다. 그러고는 들쥐 한 마리를 통째로 한입에 삼켜버린다. 둥지를 떠날 시간이 임박했다는 신호다.

오전 11:44　　　오전 11:47　　　오전 11:47

자주 펠릿을 토하는 연습을 하고, 어미만큼 커진 덩치를 움직여 기지개를 켜보기도 한다. 이제는 몸을 조금만 부풀려도 둥지가 꽉 찰 정도다. 이소가 더욱 임박했음을 보여주는 장면이다.

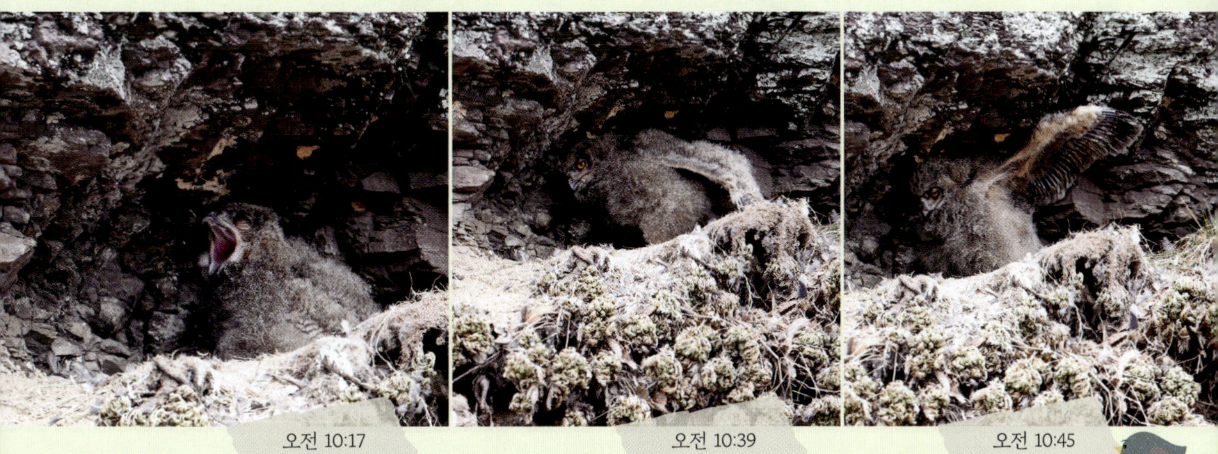

오전 10:17　　　오전 10:39　　　오전 10:45

3월 25일

봄비가 추적추적 내리는 오후, 둥지 주변에서 암컷과 수컷이 나란히 앉아 휴식을 취하며 둥지 안의 새끼를 지켜본다. 그러던 중 까마귀와 어치 무리가 둥지를 넘보자 수컷이 둥지로 바로 날아와 새끼를 보호한다. 그러다 별 이상이 없자 다시 둥지 밖 제자리로 돌아간다. 까마귀와 어치 등은 새끼들을 해치는 대표적인 천적 중 하나다.

오후 3:17

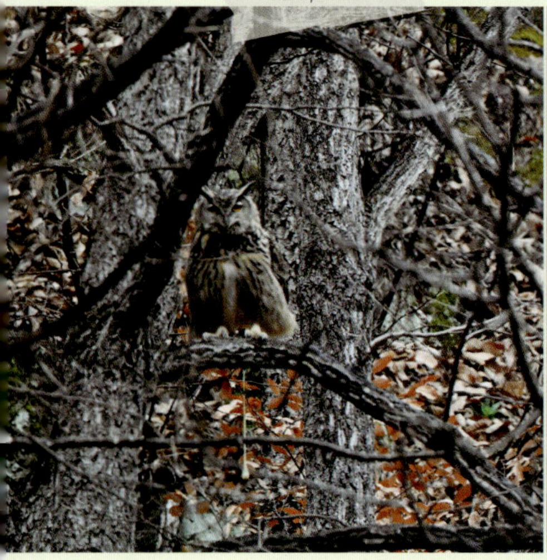

오후 3:24

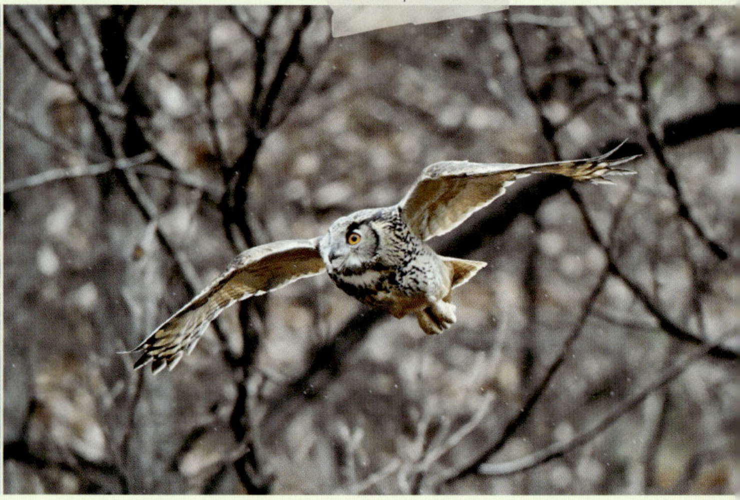

오후 3:27

오후 3:35

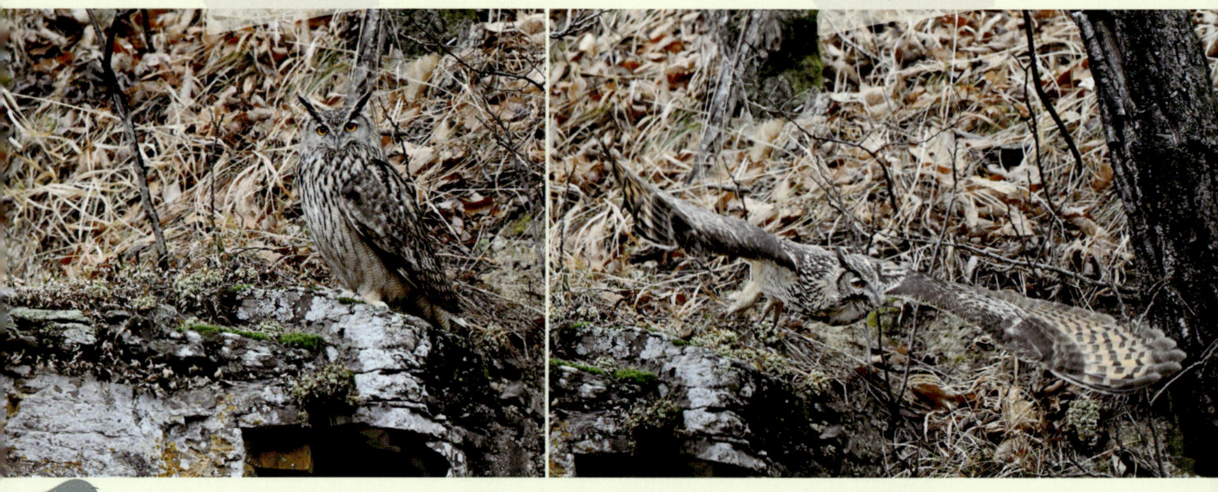

◀▲ **먹이 전달**(2024. 3. 22. 오후 1:00, 경북 영천 자천리 오리장림숲) 짝짓기 철이 되면 수컷은 암컷에게 먹이를 물어다 주기 시작한다. 먹이 전달은 대개 둥지 부근에서 이루어진다.

암수의 공동 식사(2024. 2. 28. 오후 3:56, 경북 영천 자천리 오리장림숲) 수컷이 암컷에게 먹이를 전달하면 암컷은 혼자 먹기도 하지만, 가끔 둘이 함께 먹이를 나누는 모습도 관찰된다.

짝짓기 시간과 장소를 가리지 않고 하루에도 수차례 이루어진다. 짝짓기는 대개 수컷이 암컷에게 먹이를 전달한 후에 이루어지는 경우가 많다.

1) 2025. 4. 1. 오후 2:36, 경기 시흥: 수컷이 전달한 먹이를 발에 움켜쥐고 짝짓기를 하고 있다.
2) 2024. 2. 28. 오후 2:22, 경북 영천 자천리 오리장림숲
3) 2024. 3. 18. 오후 1:37, 경북 영천 자천리 오리장림숲

48

둥지 황조롱이는 스스로 둥지를 짓지 않는다. 다른 새들이 사용하던 둥지를 재활용하거나 그것이 어려우면 도시의 인공 구조물을 활용한다. 황조롱이가 사람 사는 주변에서 주로 둥지를 트는 것은 이 때문이다.
▲ 나무 구멍 둥지(2024. 2. 26. 오후 2:52, 경북 영천 자천리 오리장림숲)

▲ 인공 구조물 둥지(2024. 5. 23. 오전 8:04, 전북 군산, 촬영: 양희숙)
◀ 까치집 둥지(2025. 4. 1. 오후 2:45, 경기 시흥)

임무 교대(2024. 2. 27. 오후 12:15, 경북 영천 자천리 오리장림숲) 본격적인 육추에 들어가기 전 암수 황조롱이는 교대로 드나들면서 둥지를 정리한다.

황조롱이 식사법(2024. 3. 31. 오후 3:00, 경북 영천 자천리 오리장림숲) 새 한 마리를 잡아와서는 머리부터 먹기 시작하더니 배가 부른 건지 어떤지 모르지만, 몸통 부분은 손도 안 대고 휙 던져버리고는 어디론가 날아가 버렸다. 사람으로 치면 '어두일미'가 언뜻 떠오르는 상황이다. 새들의 속마음을 헤아려보는 것도 탐조의 즐거움 중 하나다.

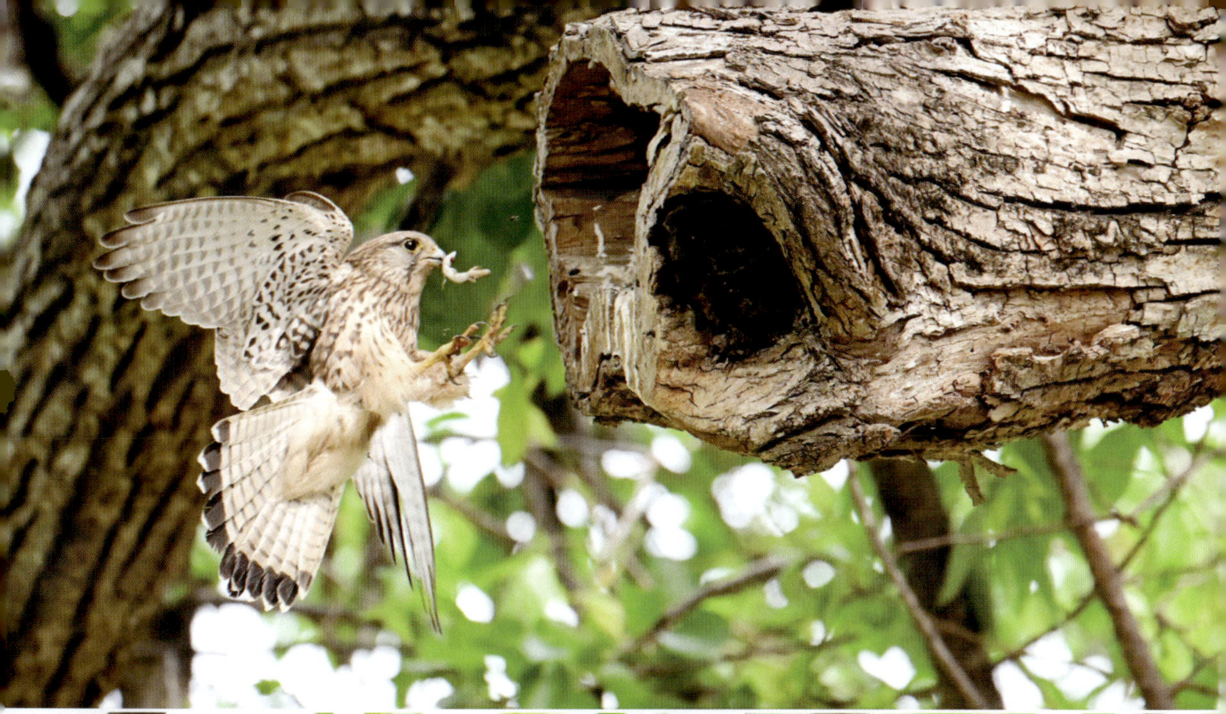

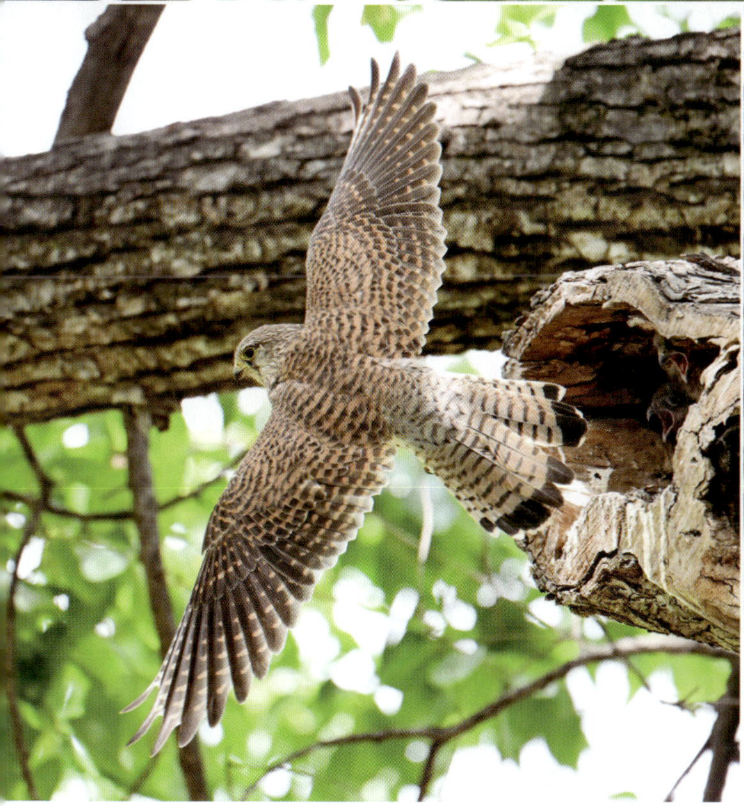

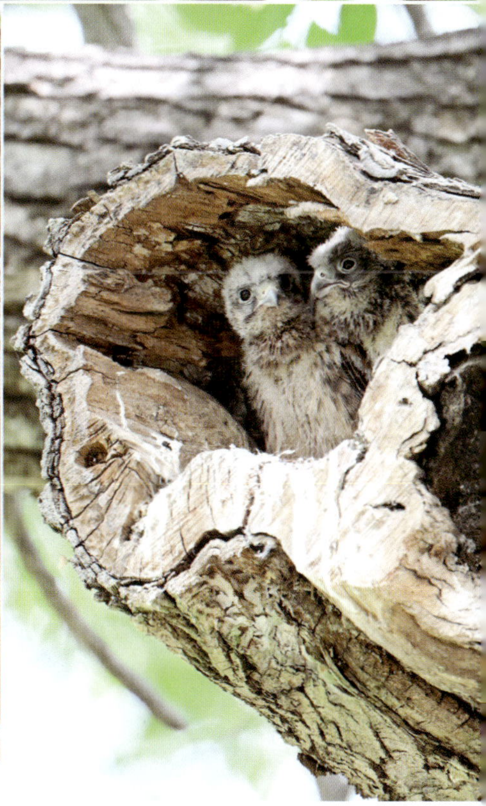

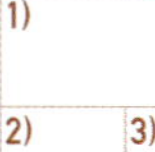

새끼들에게 먹이를 물어다 주는 수컷

1) 2023. 5. 12. 오전 10:15, 경북 영천 자천리 오리장림숲

2) 2023. 5. 12. 오후 1:03, 경북 영천 자천리 오리장림숲

3) 3) 2023. 5. 12. 오후 1:08, 경북 영천 자천리 오리장림숲

1)	
2)	3)

<table>
<tr><td>1)</td><td>2)</td></tr>
</table>

먹이 나르기 사냥한 먹잇감을 둥지의 새끼들에게 가져다주는 것으로 보인다. 먹이 종류는 계절에 따라 조금씩 달라진다. 1) 들쥐(2024. 3. 22. 오후 1:00, 대구), 2) 개구리(2024. 5. 14. 오후 5:25, 대구)

보호색(2024. 2. 27. 오후 5:13, 경북 영천 자천리 오리 장림숲) 황조롱이 깃털 색은 나무껍 질을 쏙 빼닮았 다. 그늘에 들어 가면 거의 구별이 되지 않을 정도로 비슷하다.

<table>
<tr><td>1</td><td>2</td></tr>
<tr><td></td><td>3</td></tr>
<tr><td>4</td><td></td></tr>
</table>

1. **가을 황조롱이**(2024. 9. 23. 오후 1:13, 경기 화성) 육추가 끝난 가을이 되면 황조롱이는 대개 독립생활을 한다.

2. **정지비행을 하면서 먹잇감을 찾는 황조롱이**(2023. 12. 3. 오전 9:23, 전북 김제) 정지비행은 황조롱이의 가장 대표적인 생태 특성이다.

3. **저녁 식사**(2023. 12. 3. 오후 4:48, 전북 군산) 도로변 도랑가에서 들쥐 한 마리를 낚아채고는 바로 옆 논두렁에서 통째로 삼키고 있다.

4. **불편한 이웃**(2025. 4. 1. 오후 2:10, 경기 시흥) 까치와 까마귀는 황조롱이에게 아주 불편한 이웃이다. 이 장면은 까치 둥지와 황조롱이 둥지가 가까이 있는 곳에서 목격했다.

짝짓기 매는 2월이면 짝짓기를 시작하고 3월 중순쯤 알을 낳고 품는다. 짝짓기는 하루에도 몇 차례씩 때와 장소를 가리지 않고 이루어진다. 짝짓기를 할 때 수컷은 발가락을 최대한 오므려 자신의 날카로운 발톱이 암컷의 깃털을 다치지 않도록 세심하게 신경을 쓴다.

1) 2025. 2. 26. 오전 7:01, 제주 서귀포
2) 2025. 3 .6. 오전 8:57, 제주 서귀포
3) 2025. 3. 7. 오전 10:37, 제주 서귀포
4) 2025. 3. 21. 오전 11:07, 부산 태종대

5) 2025. 3. 5. 오전 11:30, 제
주 서귀포

▶ **먹이를 놓고 다투는 암컷과 수컷**(2025. 2. 28. 오전 9:53, 제주 서귀포) 포란과 함께 본격적으로 육추가 진행되면 먹이는 주로 수컷이 잡아와 암컷과 새끼들에게 먹인다. 그러나 어떤 이유에서인지 짝짓기가 한창 이루어지는 시기에는 수컷이 암컷에게 먹이를 거의 양보하지 않는 모습도 가끔 보인다. 자연의 세계는 우리 생각 이상으로 복잡하다.

▼▶ 수컷이 멧비둘기 한 마리를 잡아다 열심히 털을 뽑고 있는 동안 암컷이 바로 옆쪽 바위 위에서 이를 지켜보고 있었지만, 막상 아침 식사가 시작되자 수컷은 암컷에게 고기 한 조각 내주지 않았다.(2025. 2. 28. 오전 7:34~56, 제주 서귀포)

▲ **공중에서 팔색조를 주고받는 수컷과 암컷**(2025. 5. 17. 오전 9:27, 제주 서귀포) 짝짓기 막바지에 이르면 수컷과 암컷은 공중에서 먹잇감을 전달하는 이른바 '공중 급식'이라는 독특한 행동을 시작한다. 공중 급식은 암컷이 육추에 집중할 수 있도록 수컷이 먹이를 잡아다 둥지 근처 공중에서 암컷에게 먹잇감을 전달하는 행위다. 공중 급식이 시작되었다는 것은 포란이 임박했거나 포란이 시작되었음을 보여준다. 공중 급식은 대개 수컷이 먹잇감을 발에 매달고 날아와 암컷을 부르고 암컷이 날아오면 발에 잡고 있던 먹잇감을 입에 옮겨 문 뒤 아래쪽 암컷에게 떨어뜨려 암컷이 발로 잡을 수 있게 유도한다. 공중 급식은 육추 기간에 지속적으로 벌어지지만 모든 먹이를 공중 급식으로 전달하는 것은 아니다. 실제로 공중 급식은 하루 한두 번 정도에 그치고 대부분은 지상 급식으로 전달한다. 이는 공중 급식이 우리가 알지 못하는 그들만의 '문화적 행동'일 가능성이 높음을 보여준다.

◀ **실수**(2024. 6. 2. 오후 2:54, 제주 서귀포) 공중 먹이 전달 과정에서 암컷과 수컷의 손발이 맞지 않으면 먹잇감을 놓치기도 한다. 그러나 노련한 암컷은 이내 떨어지는 먹잇감을 다시 낚아챈다.

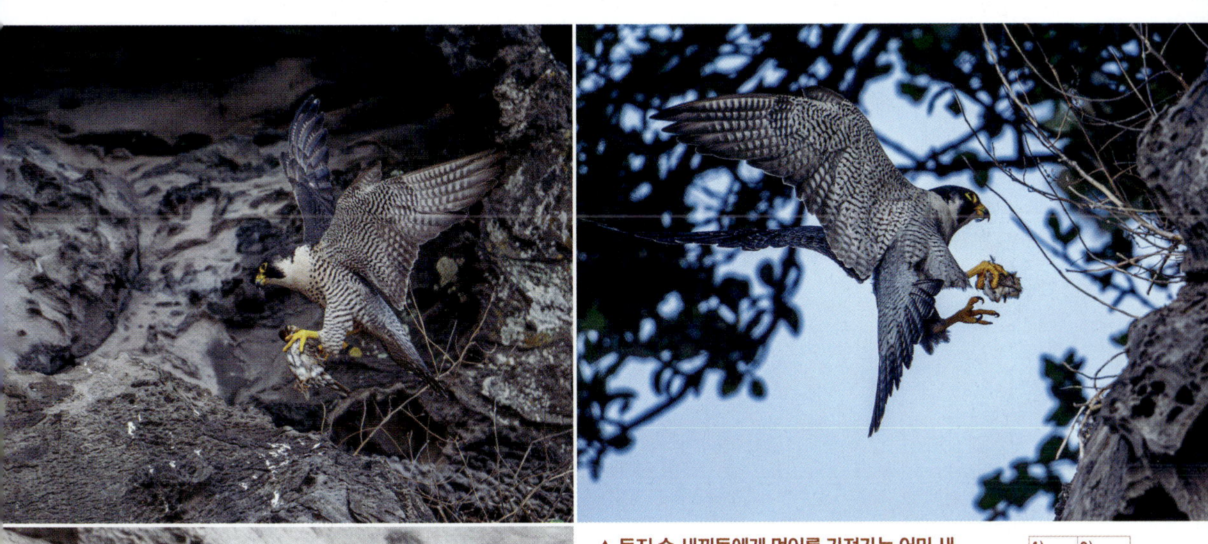

둥지 속 암컷에게 먹이를 전달하는 수컷(2025. 3. 24. 오후 2:22, 부산 태종대) 수컷이 먹이를 잡아와 공중 급식을 하려고 암컷을 부르지만 암컷이 둥지 안에서 나오지 않자 직접 둥지 속으로 먹이를 가져다주고 있다. 포란이 임박할 때 보이는 행동인 것으로 알려졌다.

▲ 둥지 속 새끼들에게 먹이를 가져가는 어미 새

1)	2)

대부분 암컷이 수컷에게서 전달받은 먹이를 가져간다.
1) 2025. 5. 11. 오후 3:35, 제주 서귀포
2) 2025. 5. 12. 오전 8:03, 제주 서귀포

◀ 새끼들에게 먹이를 뜯어 먹이는 어미 새(2025. 5. 10. 오후 2:32, 제주 서귀포) 새끼들이 어릴수록 어미 새는 둥지 안에 오래 머물며 새끼들을 돌본다.

역할 분담(2025. 5. 17. 오후 5:37, 제주 서귀포) 대부분의 새처럼 매는 암수 역할 분담이 철저하다. 즉, 수컷은 먹잇감을 사냥해 오고 암컷은 수컷에게서 먹이를 전달받아 새끼들에게 뜯어 먹인다. 먹이 전달은 상황에 따라 둥지 밖 또는 둥지 안에서 이루어진다. 이 사진은 수컷이 둥지 안으로 가져온 먹이를 뒤따라 날아 들어온 암컷이 전달받아 새끼들에게 가져다 먹이는 모습이다.

▲▶ 암컷의 아침 식사
(2025. 5. 22. 오후 4:20, 제주 서귀포) 암컷은 배가 고프면 수컷에게서 전달받은 먹이를 둥지 밖으로 가져가 일부 뜯어 먹고, 남은 것을 둥지 속 새끼들에게 가져간다.

▼ 어미 새를 기다리는 새끼들(2025. 5. 19. 오전 9:06, 제주 서귀포) 둥지 밖에서 암컷과 수컷 어미 새의 움직임이 보이기 시작하면 새끼들이 갑자기 분주해진다.

먹이 사냥 매의 진면모는 먹이를 사냥하는 순간에 나타난다.

1) 공중 선회(2024. 4. 4. 오전 11:48, 부산 태종대): 먹잇감을 노릴 때 보이는 행동이다.

2) 수직 낙하(2025. 3. 24. 오후 3:26, 부산 태종대): 총알처럼 낙하하면서 먹잇감을 낚아챌 때 매의 최대
속도는 시속 322킬로미터에 달한다.

3) 사냥(2025. 5. 10. 오전 9:28, 제주 서귀포): 물 위로 낮게 날아다니는 작은 새들이 주 사냥감이다.

먹이 저장 창고에서 먹잇감을 꺼내 가져오는 어미 새 사냥감이 마땅치 않으면 평상시 둥지 근처 먹이
창고에 저장해 놓은 먹잇감을 꺼내다 둥지 속으로 가져오기도 한다.
1) 2025. 5. 11. 오후 2:23, 제주 서귀포

▲ 2) 2025. 5. 10. 오후
2:19, 제주 서귀포

◀ 3) 2025. 5. 23. 오후
12:17, 제주 서귀포

해안 절벽 지대 둥지 앞에 나온 새끼들에게 먹잇감을 물어다 주는 어미 새 알에서 깨어난 새끼들은 처음에는 둥지 속에 머물지만 덩치가 커지면 둥지 입구까지 나와 어미 새의 먹이를 받아먹는다. 매 탐조의 새로운 전환점이 되는 시점이다.
1) 2024. 5. 27. 오후 4:54, 제주 서귀포
2) 2024. 5. 27. 오후 4:54, 제주 서귀포
3) 2024. 5. 30. 오전 9:52, 제주 서귀포

둥지를 벗어나는 새끼들 새끼들은 둥지 앞에서 먹이를 받아먹다가 어느 정도 성장하면 한 마리씩 며칠의 시간 간격으로 절벽 아래로 뛰어내린다. 처음 이소한 새끼는 동생들이 있는 둥지로 다시 날아 올라가 형제들과 합류하기도 한다.
1) 처음 절벽 아래로 뛰어내린 첫째(2024. 5. 29. 오후 2:33, 제주 서귀포)
2) 이소를 위해 둥지 옆 절벽 쪽으로 이동하는 둘째(2024. 5. 30. 오전 11:28, 제주 서귀포)

사람을 공격하는 듯한 행동을 보이는 어미 새(2024. 5. 28. 오전 6:17, 제주 서귀포) 매는 생각보다 주변 사람들을 거의 신경 쓰지 않지만 새끼들이 이소할 때가 되면 신경이 날카로워지는지 가끔 사람 쪽으로 돌진해 오기도 한다.

이소 후 해안 둥지 근처에서 새끼에게 먹이를 물어다 주는 어미 새 제주도에서 5월 말부터 6월 초에 걸쳐 이소한 새끼들의 먹이는 대부분 팔색조다. 그만큼 팔색조가 흔하고 사냥하기 쉽기 때문일 것이다.

1)	2)
3)	

1) 2024. 6. 1. 오전 8:21, 제주 서귀포
2) 2024. 6. 1. 오전 8:21, 제주 서귀포
3) 2024. 6. 9. 오전 9:50, 제주 서귀포

<table><tr><td>1)</td><td>2)</td></tr></table>

이소 후 해안 절벽 지대에서 함께 지내는 새끼들 이소 후 여기저기 흩어져 있던 새끼들은 시간이 지나면 한 장소에 만나 일정 기간을 함께 지내며 어미가 먹잇감을 가져올 때를 기다린다. 평소에는 서로 친하게 지내지만, 먹잇감을 놓고 잠시 경쟁 관계로 돌입하기도 한다.
1) 헤어졌다가 다시 만나 다정한 시간을 보내는 매 형제(2024. 5. 31. 오후 3:11, 제주 서귀포)
2) 어미가 잡아온 꾀꼬리를 놓고 서로 신경전을 벌이는 새끼들(2024. 6. 1. 오전 9:27, 제주 서귀포)

<table><tr><td>1)</td><td>2)</td></tr><tr><td></td><td>3)</td></tr></table>

먹잇감을 기다리며 혼자 놀고 있는 새끼 작은 돌멩이를 가지고 놀기도 하고 웅덩이 목욕도 하며 지루한 시간을 보낸다. 새들도 사람처럼 놀이 활동을 한다는 사실이 알려졌다.
1) 2024. 6. 1. 오전 9:6, 제주 서귀포
2) 2024. 6. 1. 오후 2:32, 제주 서귀포
3) 2024. 6. 9. 오전 10:12, 제주 서귀포

아주 가까이 날아와 앉은 새끼(2024. 6. 2. 오전 7:32, 제주 서귀포) 날개 힘이 세진 새끼가 여기저기 날아다니다 힘이 빠지면 아무 곳에나 풀썩 내려앉아 쉰다. 때마침 그곳이 녀석을 관찰하고 있던 탐조인들의 자리였다. 녀석도 놀라고 우리도 놀란 순간이다.

어미가 잡아다 준 파랑새 한 마리를 움켜쥐고 있는 새끼(2024. 6. 2. 오전 10:58, 제주 서귀포) 먹잇감을 스스로 해체해서 먹을 능력이 아직 안 되는 새끼가 먹이를 놓고 쩔쩔매고 있다. 이러한 행동을 거쳐 새끼는 생존 능력을 터득해 간다. 새끼는 홍채가 흰색이라 노란색인 어미와 쉽게 구별된다.

먹이를 사냥해 둥지로 들어오는 수컷(2025. 5. 26. 오전 11:58, 서울) 암컷이 둥지 안에서 새끼들을 돌보는 동안 수컷이 커다란 먹잇감을 잡아 둥지로 가져왔다.

새끼들에게 먹이를 뜯어 먹이는 암컷(2025. 5. 26. 오전 12:00~30, 서울) 수컷은 암컷에게 먹잇감을 건네준 뒤 잠시 앉아 있다가 둥지를 떠났고, 암컷은 어린 새끼들에게 약 30여 분 동안 먹이를 뜯어 먹였다. 생후 약 10일 정도 지난 새끼들이 하루가 다르게 성장하고 있는 참매 둥지의 풍경이다.

따오기와 백로(2024. 10. 21. 오후 12:47, 경기 시흥 호조벌) 왜가리와는 달리 백로는 따오기에게 상당히 배타적이다.

따오기와 까치(2024. 10. 21. 오후 12:03, 경기 시흥 호조벌) 까치가 따오기에게 관심을 보이지만 따오기는 별다른 반응을 보이지 않는다.

봄철 먹이 활동(2024. 3. 19. 오후 2:20, 경남 창녕 우포늪)

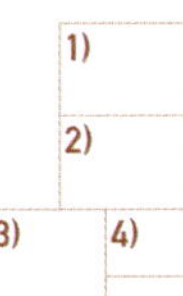

먹이 쟁탈

1) 2) 2023. 3. 13. 오후 12:25, 경기 시흥

3) 4) 2023.3.13 오후 2:45, 경기 시흥: 오른쪽의 성조가 왼쪽 어린 새가 잡은 미꾸라지를 강제로 빼앗고 있다.

◀ **교감**(2023. 4. 12. 오후 12:15, 경기 시흥)

▼ **가을 아침에 만난 저어새**(2024. 9. 23. 오전 6:51, 경기 화성 매향리 갯벌) 앞서 날아가는 저어새의 발에 'V27'이라는 인식표(유색 가락지)가 끼워져 있다. 이 인식표는 2017년 6월 28일에 인천 서구에서 표지된 것이다.

▲ **새끼를 독립시키려는 어미 새**(2025. 9. 10. 오후 5:11, 전북 군산 수라갯벌) 몸집이 제법 어미만큼 커진 새끼는 여전히 어미 뒤를 졸졸 따라다니며 먹이를 달라고 조른다. 그러나 새끼를 독립시킬 때가 되었음을 아는 어미 새는 대꾸도 하지 않고 새끼 스스로 먹이 사냥을 하도록 유도한다. 사진과 같은 풍경이 약 한 시간 동안 이어졌지만 필자는 결국 어미 새가 먹이를 잡아서 먹이는 장면을 목격하지 못했다.

노랑부리저어새(2025.9.26. 오전 8:58, 충남 서산)

새끼와 어린 새

새끼는 알에서 부화한 뒤 둥지를 떠나기 전, 그리고 둥지를 떠나더라도 어미에게 먹이를 전적으로 의존하는 시기의 새를 말한다. 새끼는 대개 몸이 솜털로 덮여 있고 아직 비행 능력이 없는 경우가 많다. 이에 비해 어린 새는 비행 능력이 있고 어미로부터 독립하기는 했지만 아직은 성조처럼 번식능력이 없는 새이다. 어린 새는 '유조' 또는 '아성조', 성조는 '어른 새'라고도 한다.

물까마귀 뛰어난 잠수부

탐조 안내

물까마귀는 까마귀처럼 까만 몸 색에 물속을 자유롭게 드나들며 먹잇감을 사냥한다고 해서 붙인 이름이다. 실제로 몸 색은 전체적으로 짙은 갈색이며, 유독 눈꺼풀만 흰색이라 눈을 깜빡일 때면 아주 독특한 인상을 준다. 보통 깊은 산속 맑은 물이 흐르는 골짜기 바위틈 등에 이끼를 두껍게 깔아 둥지를 틀고 새끼를 키운다.

사람이 가까이 있어도 그다지 신경 쓰지 않는 듯 먹이 활동을 하지만 사실은 경계심이 많아 먹잇감을 입에 물고는 바로 둥지로 날아가지 않고 물속으로 잠수하거나 물 위를 헤엄치면서 조심스럽게 새끼에게 다가가 먹이를 전달한다. 보통 서너 개의 알을 낳고 알이 부화한 뒤 새끼가 어느 정도 자라면 하루에 한두 마리씩 이소한다. 이소한 새끼는 멀리 가지 않고 둥지와 가까운 바위에 머물러 있으면서 어미에게서 계속 먹이를 받아먹는다. 어미 새에게는 몇 배나 번거로운 시기이지만 탐조인 입장에서는 훨씬 볼거리와 찍을 거리가 많아지는 시기다.

물까마귀는 육상과 육수(바닷물 이외에 육지에 있는 모든 물. 호수·하천의 물 등)

환경을 모두 이용하는 독특한 생태 특성을 지닌 새다. 지리적으로는 주로 강원도의 산림 하천, 해발 200~600미터, 연평균 기온 섭씨 7~11도의 지역에 서식하는 것으로 조사되었다. 둥지가 자리한 육수 환경의 특성은 높은 용존 산소(8.6±0.3 ppm), 낮은 수온(10.0±1.4℃), 빠른 유속(1.8±0.6m/sec)으로 나타났다. 하천 바닥은 자갈(pebble)과 잔자갈(gravel)로 이루어져 있고 주변 식생은 침엽수림과 혼합림이 우세한데, 이러한 생태·지리학적 특성은 물까마귀의 주요 먹이원인 저서성 대형 무척추동물이 서식하기에 적합한 환경과 밀접한 관련이 있는 것으로 보인다.

물까마귀는 주로 하루살이목(48.7퍼센트), 날도래목(34.9퍼센트), 강도래목(10.2퍼센트)을 먹는데 번식기에는 총 28개 분류군(Family)을 먹이로 활용한다고 한다. 물까마귀는 번식기에 특히 크기가 더 큰 저서성 대형 무척추동물을 먹잇감으로 선호하는 것으로 보이며, 이는 먹잇감의 크기가 가장 큰 시기에 맞춰 물까마귀가 번식하는 것과 관련이 있는 것으로 보인다.

탐조하기

먹이 손질(2025. 4. 21. 오후 2:57, 충북 제천) 물속에서 날도래 유충을 사냥한 어미가 돌 위에 앉아 패대기를 쳐 유충의 단단한 껍질을 벗겨내고 있다.

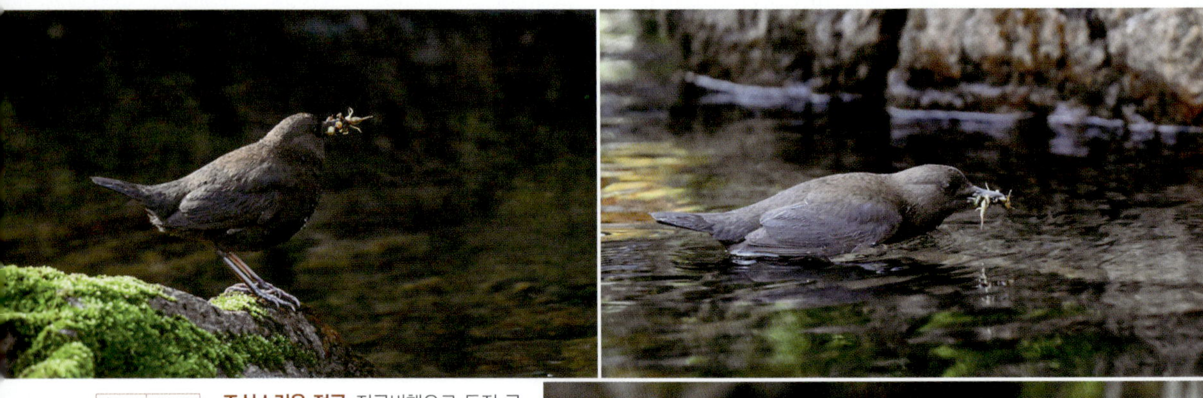

저공비행(2025. 5. 21. 오후 2:42, 충북 제천) 먹잇감을 입에 문 어미는 물 위를 낮게 날아 둥지 근처까지 접근한다.

조심스러운 접근 저공비행으로 둥지 근처까지 날아온 어미 새는 다시 물속이나 물가를 따라 천천히 조심스럽게 새끼에게 접근한다.
1) 2024. 4. 7. 오전 8:30, 충북 제천
2) 2024. 4. 7. 오전 10:37, 충북 제천
3) 2024. 4. 10. 오전 11:26, 충북 제천

<table>
<tr><td>1)</td><td>2)</td></tr>
<tr><td></td><td>3)</td></tr>
</table>

먹이 전달 새들의 육추를 관찰할 때 하이라이트는 먹이 전달 장면이다. 물까마귀는 둥지 안의 새끼들이 하루에 한두 마리씩 차례대로 이소하기 때문에 어미는 둥지 밖의 새끼와 둥지 속 새끼들에게 먹이를 교대로 물어다 준다. 그러나 이소한 새끼들은 한곳에 모여 있는 것이 아니라 여기저기 흩어져 있어 이 무렵 어미 새는 더욱 바빠진다. 암컷과 수컷이 대개 교대로 먹이를 물어오지만 바쁠 때는 새끼들 앞에서 줄을 서는 진풍경도 벌어진다.

1) 2025. 4. 21. 오후 3:01, 충북 제천
2) 2024. 4. 24. 오전 11:40, 충북 제천
3) 2024. 4. 7. 오전 9:26, 충북 제천

위험한 순간(2024. 4. 7. 오후 12:33, 충북 제천) 눈 깜짝할 사이에 이루어지는 먹이 전달에서 어미와 새끼의 순간적 교감이 이루어지지 않으면 날카로운 부리가 어긋나면서 상대방의 눈을 찌르는 엄청난 사고가 벌어질 수 있다.
눈이 다치는 것을 방지하기 위해 대부분 눈을 감는데, 그때 특유의 흰색 눈꺼풀이 햇빛에 반짝거린다.

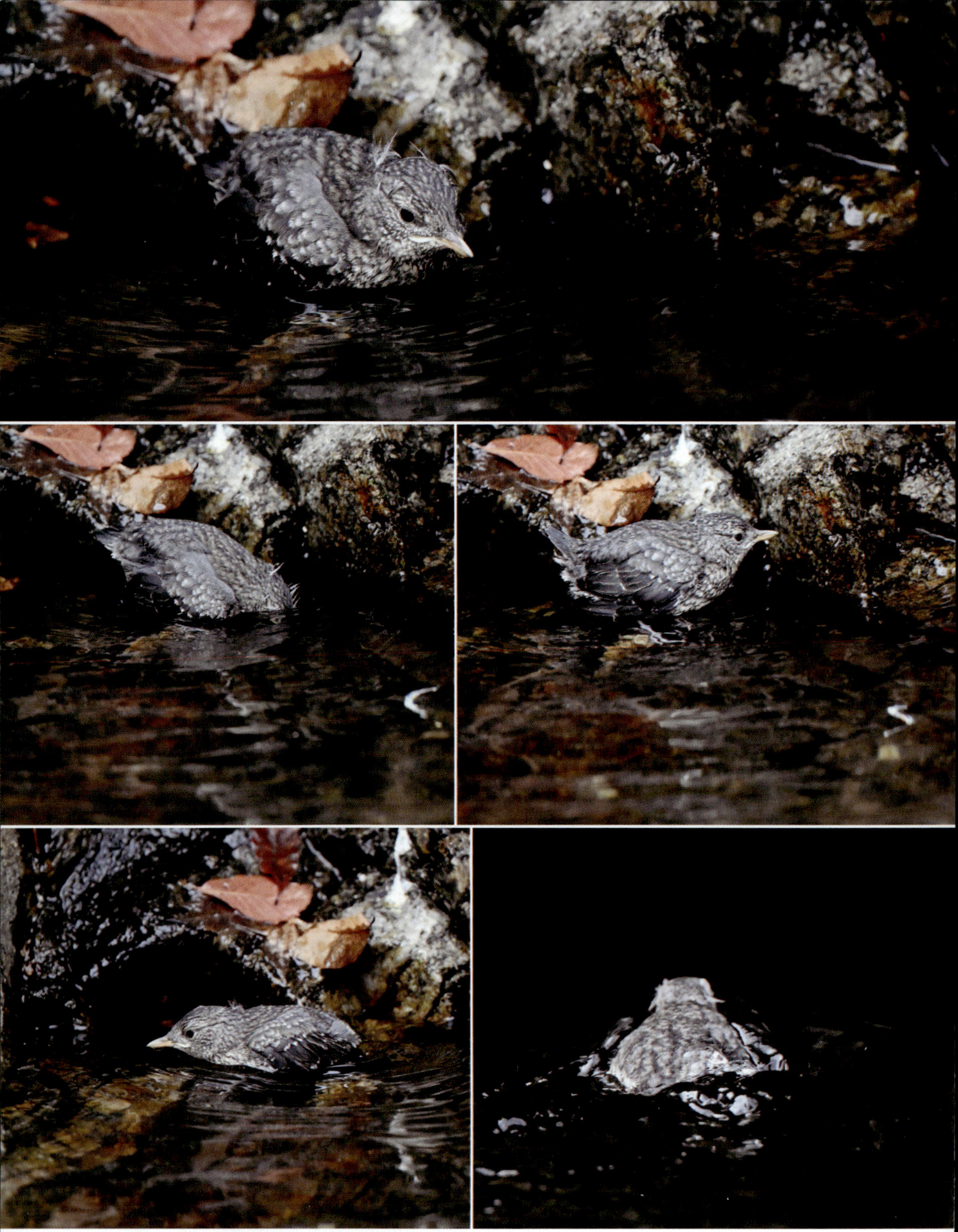

바깥세상에의 적응(2024. 4. 8. 오전 9:28, 충북 제천) 이소한 새끼는 슬슬 헤엄도 쳐보면서 물과 익숙해
지는 시간을 갖는다.

새끼들의 둥지 수리(2024. 4. 10. 오후 12:03, 충북 제천) 둥지 속 새끼들의 움직임이 활발해지자 바닥에 '시트'처럼 깔아놓은 마른 낙엽 하나가 둥지 입구로 흘러내렸다. 그러자 새끼 한 마리가 얼른 이 낙엽을 입으로 물어다 다시 바닥에 깔아놓고는 아무 일도 없었다는 듯 어미를 기다린다. 물까마귀 육추는 각색하지 않은 한 편의 드라마다.

검은머리물떼새 개방 둥지의 소유자

탐조 안내

검은머리물떼새는 보통 해안가 모래나 자갈밭 개활지에 둥지를 튼다. 새들의 둥지 중 가장 개방적인 둥지에 속한다. 이 새도 대개의 새처럼 암수가 교대로 알을 품는다. 그런데 며칠 관찰한 바로는 그 절차가 매번 똑같다. 일정한 행동 방식이 있는 것이다. 그 모습을 지켜보는 것도 야생 탐조의 큰 즐거움 중 하나다.

새끼가 태어나면 어미 새는 더욱 바빠진다. 새끼들은 어미 뒤를 졸졸 따라다니며 어미가 즉석에서 잡아준 작은 지렁이를 받아먹느라 하루해가 저무는 줄 모른다. 그러나 가끔은 육아에 힘쓰는 어미도 혼자만의 휴식 시간, 즉 일종의 브레이크타임을 갖는다. 새끼들의 덩치가 점점 커지고 먹이가 부족해지면 어미 새는 새끼들을 놔두고 둥지에서 꽤 먼 곳까지 가서 먹이를 사냥해 온다. 그리고 새끼가 더 성장하면 새끼들을 데리고 먼 거리로 먹이 사냥을 함께 나간다. 둥지를 떠날 시기가 다가온 것이다.

검은머리물떼새의 활동 범위는 흰물떼새, 꼬마물떼새, 쇠제비갈매기 등과 대개 겹치기 때문에 가끔 이들 사이에 미묘한 신경전이 벌어진다. 그러나 필자가 관찰한 바로는 한 장소에서 십여 미터 거리를 두고 둥지를 튼 검은머리물떼새와 흰물떼새 가족이 별 충돌 없이 각자 건강한 새끼들을 길러내는 데 성공했다.

　검은머리물떼새는 여름새로 알려졌지만 겨울철에 서해안 유부도에 가면 수천 마리의 검은머리물떼새를 관찰할 수 있다. 육추 기간에 우리나라 곳곳에 흩어져 활동하던 새들의 약 90퍼센트가 이곳 유부도에 모여 겨울을 나기 때문이다.

 **탐조하기**

짝짓기 (2025. 4. 9. 오전 8:34, 전북 고창) 먹이 활동을 함께하면서 수시로 짝짓기를 한다. 수정 확률을 높이기 위한 고도 전략 중 하나다.

▲◀ **포란**(2024. 4. 12. 오후 1:15, 전북 고창) 암수가 교대로 포란을 이어간다. 둥지 바로 옆에서 교대식이 이루어지는데 그 행동은 늘 일정하다.

◀ **새끼 키우기**

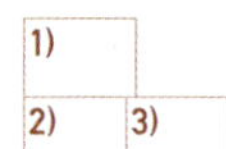

1) 새끼 두 마리가 태어났다.(2024. 5. 6. 오후 4:26, 전북 고창)
2) 둥지 근처에서 지렁이를 잡아다 먹인다.(2024. 5. 6. 오후 5:26, 전북 고창)
3) 가끔은 둥지에서 멀리 떨어진 곳까지 나가 지렁이를 잡아온다.(2024. 5. 8. 오전 11:00, 전북 고창)

▲▶ 바닷가에서 새끼를 키우는 또 다른 가족 (2025. 6. 9. 오전 8:49, 경기 화성)

▼ 어미의 휴식
1) 스트레칭 하기(2024. 5. 7. 오후 3:41, 전북 고창)
2) 목욕하기(2024. 5. 8. 오전 8:51, 전북 고창)

1)	2)

<table><tr><td>1)</td><td>2)</td></tr></table>

새끼를 보호하려는 몸짓 1) 2024. 5. 7. 오후 4:23, 전북 고창,   2) 2025. 6. 12. 오전 8:47, 경기 화성

이웃 흰물떼새와의 공존(2024. 5. 7. 오전 11:40, 전북 고창) 둥지 가까운 곳에 흰물떼새의 둥지가 있고 여기에서 흰물떼새 새끼 세 마리가 태어났다. 서로 경계하지만 별 충돌 없이 작은 모래밭을 공유하며 각자의 육추를 이어간다.

▲ **새끼들의 폭풍 성장**(2024. 5. 17. 오후 2:00, 전북 고창)

아름다운 날개(2025. 4. 16. 오전 7:03, 전북 고창) 새의 생명은 날개다. 새는 날갯짓할 때 훨씬 아름답다. 검은머리물떼새는 그 대표적인 예 중 하나다.

▼ 검은머리물떼세 무리(2025. 11. 5. 오후 2:42, 충남 서천 유부도)

뿔논병아리 업어 키우기 달인

 **탐조 안내**

뿔논병아리는 1년에 두 번 정도 알을 낳고 새끼를 키우는데 포란과 육추에 실패하는 경우에는 4회 이상도 알을 낳고 포란에 들어간다. 새끼의 터울이 길면 먼저 나온 큰새끼들이 뒤에 나오는 어린 새끼들을 엄마 아빠 대신 업어 키우기도 한다.

알에서 깨어난 뿔논병아리 새끼는 어느 정도 자라면 둥지를 떠난다. 흔히 말하는 이소(離巢)다. 그런데 뿔논병아리의 이소는 여느 새들과 조금 다르다. 어미가 새끼를 등에 업고 둥지 밖으로 나간다. 처음에는 둥지를 중심으로 1미터 반경에 머무르다 조금씩 그 행동반경을 넓혀 나가며, 나중에는 수십 미터까지 나갔다가 다시 둥지로 돌아온다.

여러 개의 알이 부화할 때 새끼들은 대개 하루나 이틀의 시차로 태어나는데 가장 막내까지 이소하면 모든 새끼를 등에 태우고 둥지에서 꽤 멀리 나갔다 되돌아온다. 이러기를 반복하다가 마침내 둥지와 관계없이 새로운 수상생활에 들어선다. 이렇게 어린 새끼를 어미가 등에 업는 행위는 뿔논병아리의 가장 독특한 생태 특성이기도 하다.

뽈논병아리 어미는 자기 깃털을 뽑아 갓 태어난 새끼에게 먹이는데 이는 새끼의 소화와 배설을 돕기 위함이다. 새끼가 먹은 어미의 깃털은 소화되지 않은 먹이 찌꺼기와 뭉쳐져서 펠릿이 되고, 새끼들은 주기적으로 이 펠릿을 입으로 토해내 위를 비운다. 펠릿은 물고기를 먹은 후 소화되지 않은 찌꺼기가 뱃속에서 단단하게 뭉쳐진 덩어리를 말한다. 보통의 맹금류는 털 달린 먹이를 통째로 먹음으로써 자연스럽게 펠릿이 생기고, 물고기만을 먹는 뽈논병아리는 어미의 깃털을 먹음으로써 펠릿이 생기는 것이다. 자기 깃털을 뽑아 새끼에게 먹이는 어미 새는 뽈논병아리가 거의 유일하다.

 **탐조하기**

구애 (2022. 3. 9. 오전 10:29, 경기 수원, 촬영: 이석각) 뽈논병아리는 짝짓기 철이 되면 젖은 수초를 물고 현란한 몸짓으로 구애의 춤을 춘다. 수초는 둥지를 짓고 새끼들을 키워내는 데 쓰이는 중요한 재료다.

<table>
<tr><td>1)</td><td>2)</td></tr>
</table>

짝짓기 둥지를 만드는 과정에서 짝짓기가 수시로 이루어진다.
1) 2025. 3. 22. 오후 12:15, 경기 수원 일월저수지
2) 2025. 3. 09. 오전 10:10, 경기 수원 일월저수지

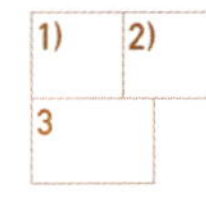

포란과 둥지 보수 알을 낳은 뒤에는 암수가 교대로 포란을 하면서 틈틈이 둥지를 보수한다.

<table>
<tr><td>1)</td><td>2)</td></tr>
<tr><td>3</td><td></td></tr>
</table>

1) 2022. 8. 10. 오전 11:17, 경기 수원 신대호수
2) 2022. 8. 10. 오전 11:21, 경기 수원 신대호수
3) 2022. 7 .8. 오후 12:33, 경기 수원 신대호수

<table><tr><td>1)-A</td><td>1)-B</td></tr></table>

부화 1) 줄탁동시: 새끼는 알 속에서, 어미는 바깥에서 동시에 알을 쪼아 새끼가 알을 깨고 나올 수 있게 힘을 합친다. 이른바 줄탁동시(啐啄同時)다. 새의 생태 특징 중 하나는 부리이며, 그 부리 속에 이빨은 없다. 그러나 새끼가 알 속에서 알을 깨고 바깥으로 나오는 시기에는 일시적으로 새끼의 부리 끝에 난치(卵齒, egg tooth)라는 날카로운 이빨이 돋는다. 그리고 알을 깨고 난 다음에는 난치는 저절로 떨어져 나간다.

A. 2024. 9. 15. 오전 11:54, 경기 수원 신대호수
B. 2022. 4. 25. 오후 1:26, 경기 수원 신대호수

2) 부화 시작(2024. 9. 15. 오전 12:30, 경기 수원 신대호수): 줄탁동시가 있은 지 한 시간여가 지나면 껍질이 양쪽으로 갈라지면서 새끼의 모습이 바깥으로 드러나기 시작한다. 부화는 하루에 하나씩 며칠에 걸쳐 이루어진다.

3) 세상 첫 구경(2022. 4. 25. 오후 1:33, 경기 수원 신대호수)

4) 어미의 도움(2024. 9. 17. 오전 7:10, 경기 수원 신대호수): 마지막 알이 부화하는 순간, 새끼가 알에서 벗어
나는 데 힘겨워하자 곁에서 어미가 힘을 합친다.

형제의 만남(2024. 9. 17. 오전 7:14, 경기 수원 신대호수) 갓 태어난 새끼는 먼저 태어난 형제와 눈을 마주 침으로써 서로 가족 공동체임을 확인한다.

알껍데기를 내다 버리는 어미(2024. 9. 17. 오전 7:51, 경기 수원 신대호수) 알에서 새끼가 태어나면 즉시 어 미는 알껍데기를 둥지 밖으로 물고 나가 버림으로써 그 흔적을 없애는 것을 잊지 않는다.

<table><tr><td>1)</td><td>2)</td></tr></table>

아주 특별한 육아법 뿔논병아리는 여느 새들과 달리 갓 태어나면서부터 어느 정도 독립할 힘이 생길 때까지 어미의 등에 업혀 다니면서 먹이를 받아먹는다.
1) 2022. 8. 29. 오후 3:19, 경기 수원 신대호수
2) 2022. 4. 19. 오전 11:09, 경기 수원 신대호수

깃털을 먹는 새끼 뿔논병아리(2022. 8. 29. 오후 3:25, 경기 수원 신대호수) 먹이와 함께 어미의 깃털을 먹음으로써 소화되지 않은 찌꺼기는 펠릿이 되어 배출된다.

짝짓기(2024. 4. 12. 오전 10:54, 전
북 고창 구시포) 짝짓기를 시도했지
만 성공하지는 못했다. 대개의 새
들이 수시로 짝짓기를 시도하는
것은 이렇듯 성공률이 그리 높지
않기 때문이다.

◀ **부화 4일째의 새끼**(2022. 5. 16. 오후 1:08, 전남 영광 육산도, 촬영: 국립생태원 이윤경) 부화에 성공한 새끼 한 마리가 어미 새의 보호 속에 건강하게 자라고 있다. 그러나 태어난 새끼들이 모두 어른 새로 자라는 것은 아니다. 연구자들은 육추 실패 요인으로 괭이갈매기의 공격성, 동종 간 싸움, 둥지의 불안정성, 번식 개체의 미숙함 등을 지적하고 있다. 결국 이러한 어려운 여건을 잘 극복하고 성조가 되었다는 것은 그만큼 자연 속에서 건강하게 생존할 가능성이 높다는 것을 뜻한다. 이는 뿔제비갈매기분만 아니라 모든 생태계에 적용된다.

물고기 먹기와 물 마시기 뿔제비갈매기는 물고기를 잡아 대개 공중에서 그대로 삼켜버린다. 그러고는 바로 수면 위로 내려와 날면서 한두 차례 물을 마시는 것으로 마무리한다.

1)-A	1)-B
2)-A	2)-B

1) 물고기 먹기(2025. 4. 18. 오전 10:53, 전북 고창 구시포)
2) 물 마시기(2025. 4. 18. 오전 10:53, 전북 고창 구시포)

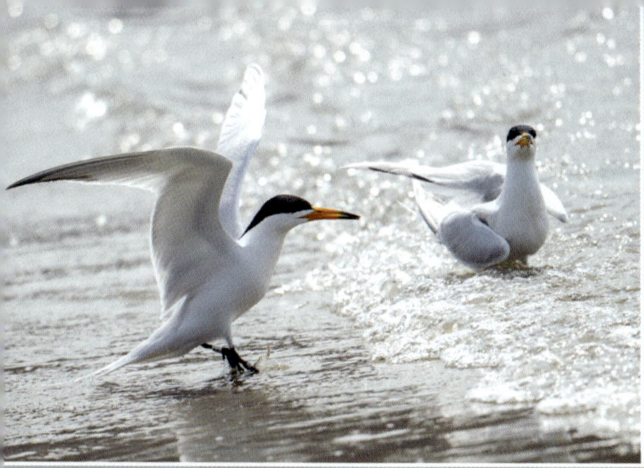

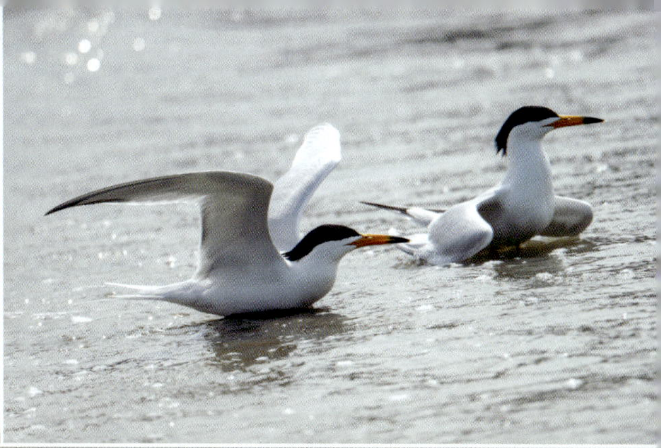

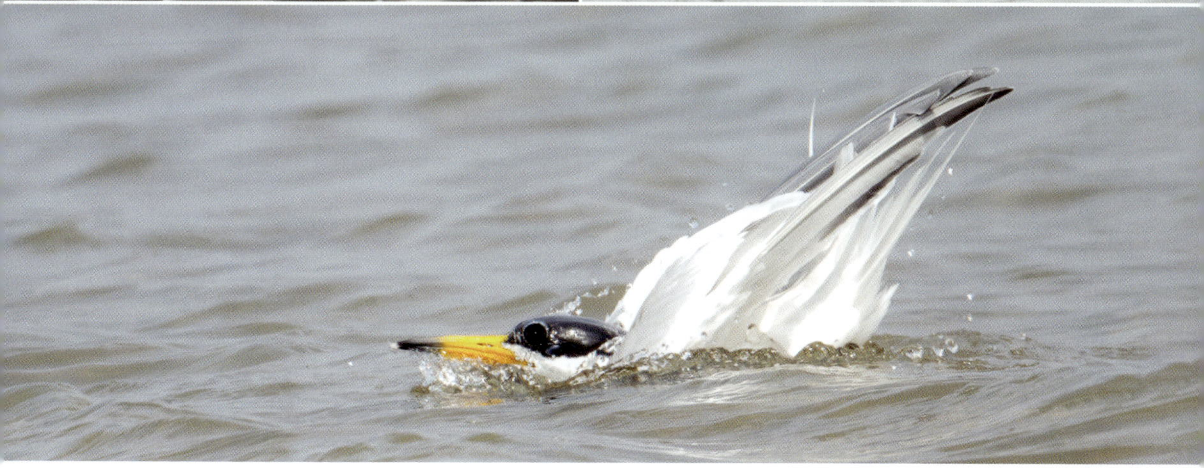

물놀이와 목욕 하루의 대부분을 물속에서 지내지만 가끔은 목욕도 하며 물놀이를 즐기기도 한다.
1) 2025. 4. 3. 오후 1:45, 전북 고창 구시포
2) 2025. 4. 3. 오후 1:45, 전북 고창 구시포
3) 2025. 4. 4. 오후 12:39, 전북 고창 구시포

물 털기 물놀이나 목욕을 한 뒤에는 공중으로 솟구치면서 몇 차례 몸을 뒤틀어 물기를 털어낸다. 뿔제
비갈매기 탐조에서 놓쳐서는 안 되는 장면 중 하나다.
1) 2025. 4. 3. 오후 1:46, 전북 고창 구시포
2) 2025. 4. 4. 오후 12:39, 전북 고창 구시포

▲ **불편한 이웃**(2025. 4. 9. 오후 2:56, 전북 고창 구시포) 뿔제비갈매기는 괭이갈매기 무리에 섞여 지낸다. 그러니 두 종은 그런대로 편안한 이웃이다. 그런데 가끔은 불편한 이웃이 끼어든다. 특히 먹이를 놓고는 더 그렇다.

◀▼ **겨울깃**(2024. 7. 12. 오전 11:00, 전북 고창 구시포) 번식기가 지나면 머리 앞쪽의 깃이 빠지면서 겨울깃으로 변한다. 이런 상황에서도 여전히 한번 맺은 부부의 친밀한 관계는 지속된다.

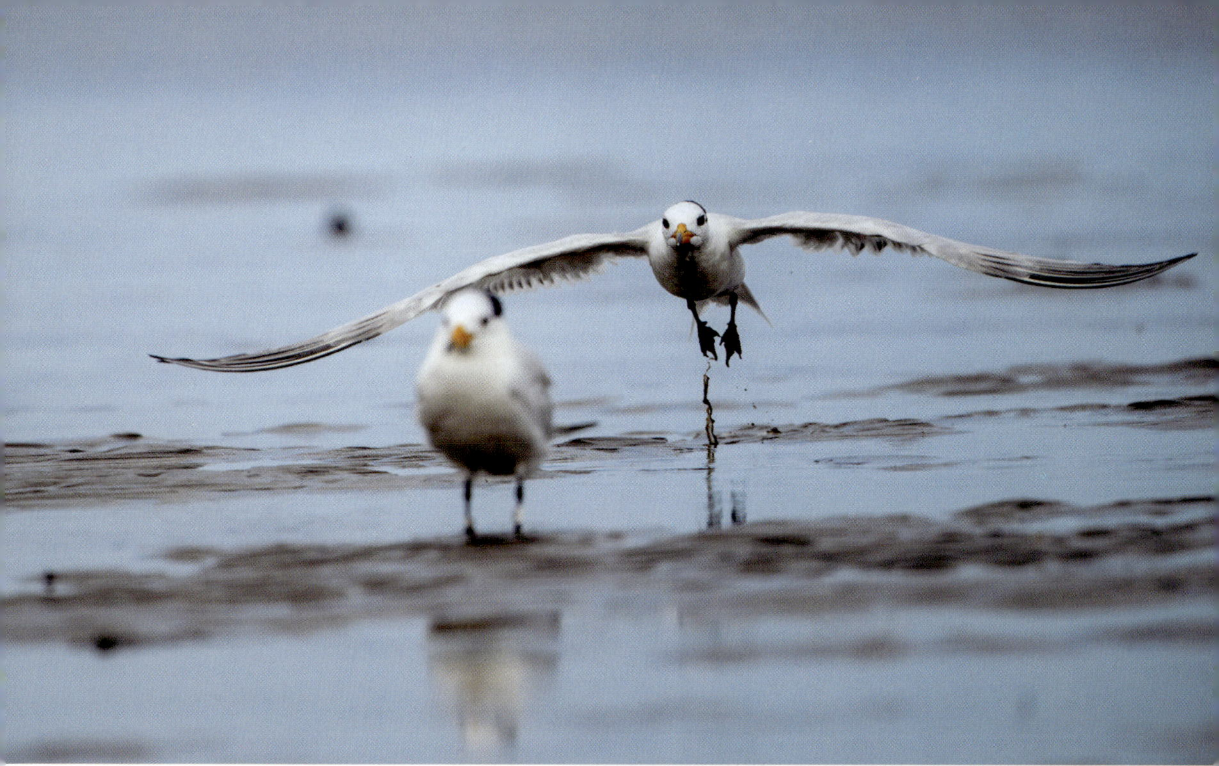

1) 2) 3) 4)

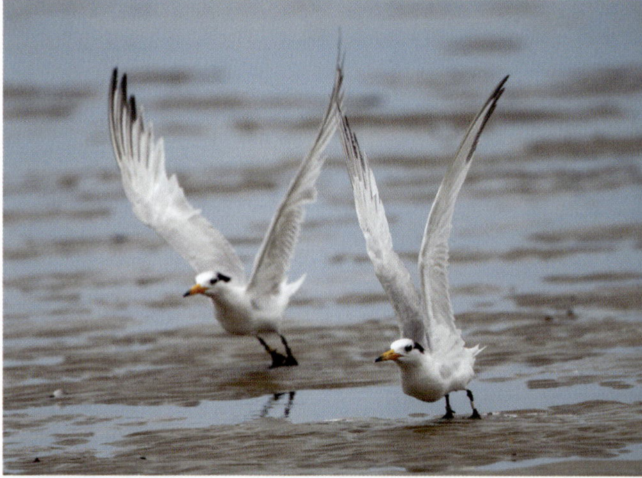

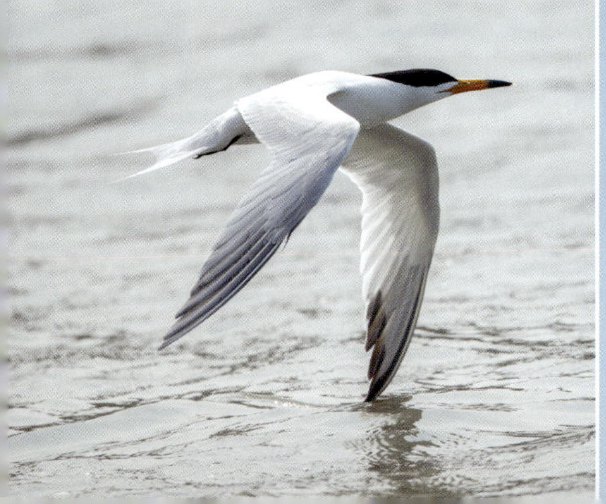

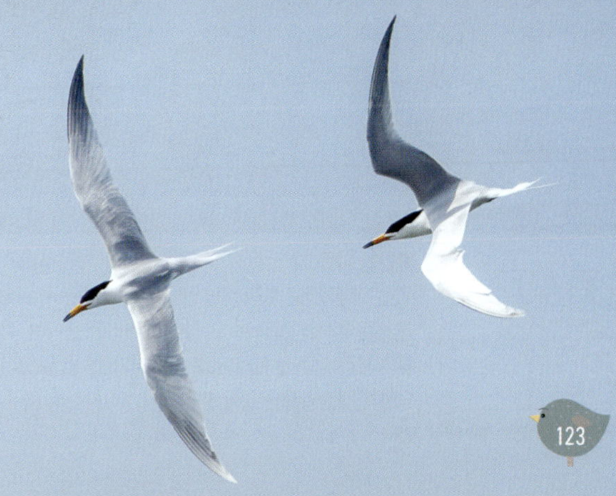

아름다운 날개 몸체에 비해 폭이 좁고 기다란 뿔제비갈매기의 날개가 멋지다.

1) 2024. 7. 12. 오전 11:17, 전북 고창 구시포
2) 2024. 7. 12. 오전 11:44, 전북 고창 구시포
3) 2025. 4. 3. 오후 1:45, 전북 고창 구시포
4) 2025. 4. 4. 오후 12:48, 전북 고창 구시포

편안한 이웃(2025. 4. 17. 오전 9:44, 전북 고창 구시포) 어느 심리학자는 사람의 친밀도를 결정하는 기준이 40센티미터라고 했다. 즉, 연인 관계에서는 서로 간 임계거리를 40센티미터 이내로 좁히려고 애쓰지만, 불편한 사람들과는 그 이상의 거리를 둔다는 것이다. 한편, 어느 조류학자는 찌르레기의 수많은 개체가 무리 지어 날면서 서로 충돌사고 한 번 일으키지 않는 것은 그들이 거리를 역시 40센티미터로 유지하기 때문이라는 것을 밝혀냈다. 이 사진의 쇠제비갈매기와 사람과의 임계거리는 40센티미터 이내였다.

어미를 기다리는 새끼(2024. 4. 21. 오전 11:40~오후 4:54, 충북 충주) 야행성인 올빼미 새끼는 낮 동안 대부분 둥지 안에 머물지만 가끔 둥지 밖으로 머리를 내밀거나 둥지에 올라서기도 한다. 둥지에 올라서는 행동은 이소가 임박했음을 알리는 신호이기도 하다.

먹이를 물어다 주는 어미(2024. 4. 29. 오전 10:52~59, 경북 문경) 올빼미는 야행성이지만 눈의 생리적 특성상 주간에도 큰 어려움 없이 활동할 수 있다. 그러나 어미가 먹잇감을 물고 소리 없이 둥지로 날아들기 때문에 계속 긴장하고 있지 않으면 그 순간을 포착하기가 쉽지 않다. 어미는 둥지 안의 새끼에게 먹이를 먹이고 잠시 둥지에 머물다가 약 7분여 만에 다시 사냥을 나갔다.

이소 직전의 새끼 형제(2024. 4. 30. 오전 5:11~오후 12:29, 경북 문경) 둥지를 떠날 때가 되면 새끼들은 둥지에 발을 딛고 올라서는 행동을 보이기 시작한다.

◀ **둥지를 벗어난 새끼** 둥지를 처음 벗어난 새끼는 잠시 숨을 고른 뒤 본능적으로 근처 높은 나무 위에 앉아 있는 어미를 찾아간다.
1) 둥지를 막 벗어나 잠시 쉬고 있는 새끼(2024. 4. 24. 오후 2:23, 충북 충주)

▼▶ 2) 어미를 찾아 나무를 기어오르는 새끼(2024. 4. 24. 오후 6.33~36, 충북 충주): 나무 위 어미를 만나기까지 3분여가 걸렸다.

겨울 올빼미(2026. 2. 4. 오후 3:03, 경북 문경)
올빼미는 한번 정한 둥지는 거의 매년 찾아오는 귀
소성이 강한 새 중 하나다. 초겨울이 되면 지난해
사용하던 둥지를 찾아와 낮 동안 쉬거나 잠을 자고,
밤이 되면 사냥을 나가 새벽에 다시 둥지로 들어온다.
그러나 보통의 야행성 조류와는 달리 올빼미는 낮에도
먹이 활동을 활발히 한다. 이 사진은 둥지를 지키던 올
빼미가 오후 3시경 먹이 사냥을 나가는 장면이다. 이날 일
몰 시각은 5시 56분이었다.

긴점박이올빼미 낮 올빼미

탐조 안내

긴점박이올빼미는 올빼미와 비슷하지만 올빼미보다 꽁지깃이 길고 뒷목에 흰색 얼룩점이 있어 붙인 이름이다. 몸집도 올빼미보다 크다. 우리나라에서는 주로 북부지방 고산 지대에서 아주 드물게 서식하는 텃새다. 북한에서는 이러한 지리적 분포 특성을 살려 '북올빼미'라고 한다. 남한에서는 경기 북부, 강원도 지역에서 매우 제한적으로 관찰되고 있지만 기후의 온난화로 앞으로는 남한에서 관찰하기가 더 이상 어려워질지도 모른다.

올빼미와 마찬가지로 긴점박이올빼미도 야행성이지만, 낮에도 무척 활발히 움직이는 맹금류 중 하나다. 아직 솜털이 보송보송한 아기 긴점박이올빼미들이 둥지에서 벗어나 근처 소나무 가지에 올라앉아 있으면 한낮이라도 어미가 먹잇감을 물어다 먹이는 것을 관찰할 수 있다.

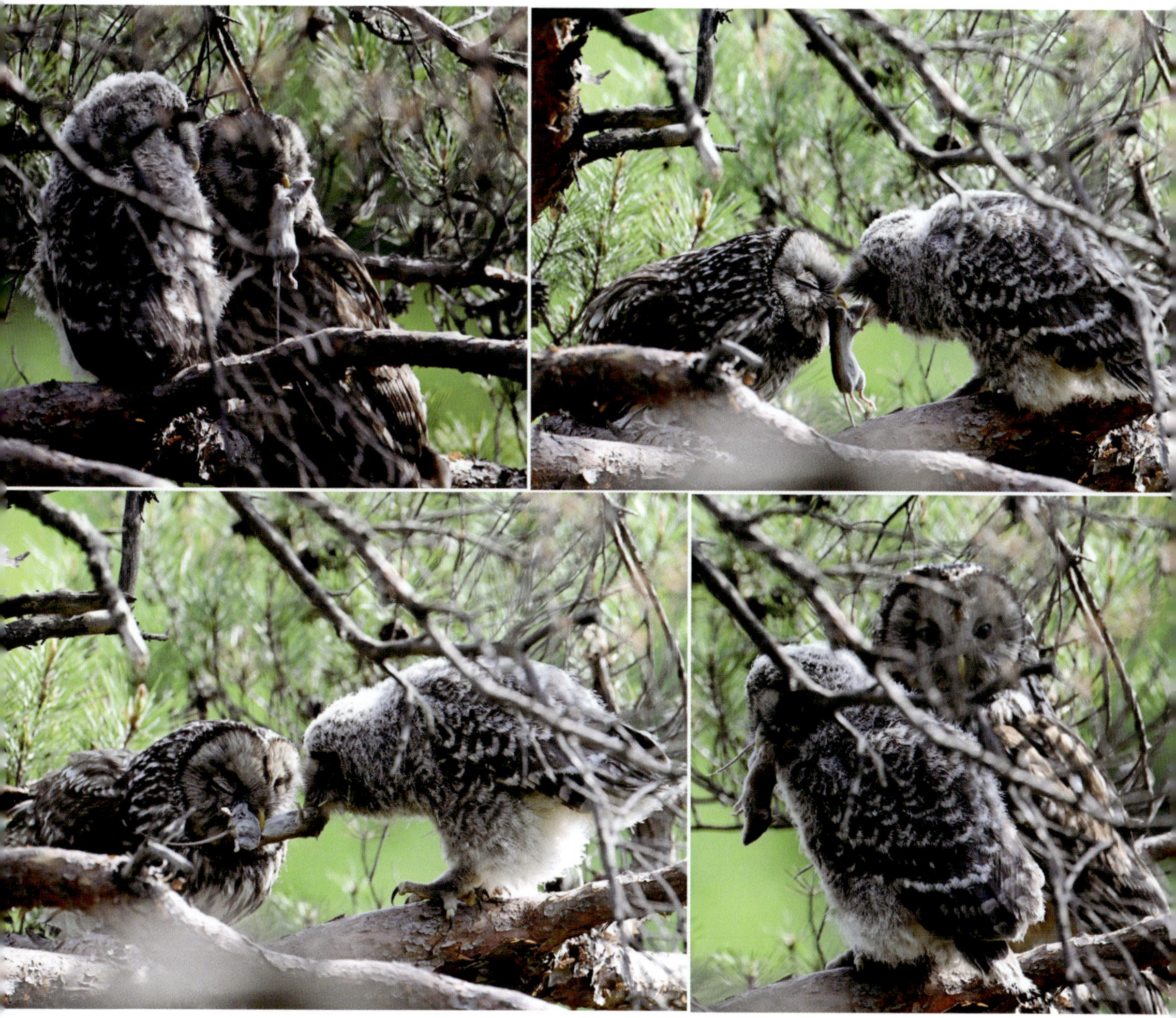

새끼에게 생쥐를 잡아다 먹이는 어미(2024. 5. 3. 오후 3:15, 경기 가평) 어미는 생쥐의 숨통을 끊으려고 목을 틀어쥐고 있다. 그런데 흥미롭게도 하루 종일 쫄쫄 굶은 새끼는 어미를 재촉하지만 어미는 쉽게 먹이를 내주지 않는다. 주었다가는 뺏고 또 주고는 뺏고 하는 과정을 반복한다. '밥상머리 교육'을 하고 있는 것이다. 이렇게 해서 새끼가 생쥐 한 마리를 삼키는 데 대략 10여 분이 걸렸다.

어미가 돌아오기를 기다리는 새끼(2024. 5. 3. 오후 6:04, 경기 가평) 생쥐 한 마리를 두 마리 새끼 중 한 녀석이 통째로 삼켰으니 다른 녀석은 어미가 또다시 먹잇감을 물어오기를 하염없이 기다린다.

쇠제비갈매기 제비 꼬리

탐조 안내

제비갈매류 중에서 가장 덩치가 작고 날개가 제비처럼 폭이 좁고 길어서 쇠제비갈매기라는 이름을 얻었다. 양쪽으로 갈라진 꽁지깃도 영락없는 제비다. 쇠제비갈매기는 보통 여름철새로 분류되지만 실제로는 봄철에 일찌감치 찾아와 구애와 짝짓기를 시작한다.

짝짓기 철인 봄이 되면 쇠제비갈매기 수컷은 열심히 먹이를 사냥해 암컷에게 전달하며 구애를 하는데 이것이 바로 '구애급이(求愛給餌)'다. 구애급이에서 암컷은 육아의 성공을 위해 수컷이 잡아온 먹이의 질을 중요하게 여긴다. 한편, 구애급이를 할 때 수컷은 암컷에게 부리로 먹이를 건네거나 새끼에게 먹이를 주듯이 토해내서 주기도 한다. 암컷은 먹이를 받을 때 날개를 흔들기도 하는데 이는 새끼가 어미에게 먹이를 조르는 모습과 유사하다.

구애급이로 점차 분위기가 무르익으면 짝짓기로 이어진다. 이러한 일련의 행동은 물총새 등 여러 새에게서도 관찰된다. 구애급이와 짝짓기는 며칠 동안 수차례에 걸쳐 이루어진다. 이 기간에 파랑새나 뿔제비갈매기처럼 물치기를 하면서 물을 마시는 모습도 종종 관찰된다.

쇠제비갈매기는 보통 사방이 트인 모래밭이나 자갈밭에서 새끼를 키우기 때문에 안전거리만 잘 지키면 비교적 가까이서 관찰하고 사진을 촬영할 수 있다. 그러나 문제는 그 안전거리가 얼마나 되느냐 하는 것이다. 이러한 측면에서 쇠제비갈매기를 사례로 하여 번식 조류에 대한 인간 방해 효과를 조사한 연구가 있어 흥미를 끈다.

연구자들은 두 가지 서로 다른 인간 활동, 즉 인간의 접근과 둥지 서식지 내 인간의 존재에 대한 쇠제비갈매기의 반응을 조사했다. 그 결과 인간의 접근 형태, 즉 1인과 3인 이상인 경우를 비교했을 때 둘 사이에 새의 최초 비행 거리와 둥지를 벗어난 시간에는 어떤 차이도 나타나지 않았다. 그러나 3인 이상이 둥지에 접근할 때 포란하고 있는 새는 더 오랜 기간 둥지에서 벗어나 있었다. 또한 최소 접근 허용 거리는 번식지 내에 앉아 있는 관찰자보다 서 있는 관찰자와 더 크게 벌어졌다. 이런 결과는 탐조 활동에서 새에 대한 인간 방해를 최소화하기 위해 최소 안전거리를 세우고 이를 지키려는 노력이 필요함을 보여준다.

 탐조하기

구애급이 수컷이 암컷에게 먹이를 전달하고 바로 이어서 짝짓기가 이루어졌다.
1) 2024. 4. 18. 오후 2:17, 전북 군산
2) 2024. 4. 19. 오전 9:02, 전북 군산

짝짓기(2024. 4. 19. 오전 11:04, 전북 군산)

▶ 짝짓기 후 다시 먹이 사냥을 나서는 수컷(2025. 4. 17. 오전 10:11, 전북 군산)

▲◀ **물 마시기**(2024. 4. 19. 오전 9:02, 전북 군산)

▼ **새 생명의 탄생**(2023. 6. 3. 오전 7:18, 경북 포항, 촬영: 이상봉) 사람이나 새에게 새 생명의 탄생은 경이로움 그 자체다.

새끼에게 먹이 주기(2024. 7. 7. 오후 12:00, 인천)

어미를 기다리는 새끼 삼형제
(2024. 7. 7. 오전 8:25, 인천)

먹이를 받아먹는 새끼(2024. 7. 7. 오전 8:33, 인천)

까막딱다구리 로마의 군신

까막딱다구리의 탐조 포인트는 검은색 몸과 그중에서도 유일하게 붉은색으로 빛나는 머리 부분이다. 까막딱다구리의 암수는 이 붉은색 머리 부분으로 구별하는데 암컷보다 수컷의 붉은색 부분이 더 넓고 강렬하다. 까막딱다구리의 종소명 'martius'는 까막딱다구리의 이런 모습이 로마의 군신(軍神) 'Mars'를 닮았다고 해서 붙였다. 까막딱다구리의 부리는 황백색이라 상대적으로 검은색 몸과의 대비가 더 두드러진다.

까막딱다구리는 많은 새처럼 암수가 공동으로 포란과 육추를 이어간다. 알을 품을 때는 대개 두 시간 정도마다 규칙적으로 암컷과 수컷이 교대한다. 새끼가 태어나 본격적으로 육추가 시작되면 먹이를 잡아오는 것은 주로 수컷의 몫이다. 새끼가 어릴 때에는 어미가 먹이를 삼킨 후 둥지 앞에 와서 다시 토해내 먹이는데, 이때 먹이를 토하려고 애쓰는 모습을 보고 있으면 안쓰럽기까지 하다.

새들에게 부리는 그 무엇보다 주요한 신체 기관이지만, 까막딱다구리를 포함한 딱다구리류는 특히 더욱 그렇다. 딱다구리류는 일반적으로 드러밍

(drumming)이라고 알려진 독특한 행동을 한다. 부리로 하루에 만여 차례 단단한 나무를 두들겨대는 것이다. 이런 행동에도 딱다구리의 머리가 멀쩡한 것은 이들만의 네 가지 특징적인 생체적 구조 때문이다. 첫째, 부리는 딱딱하지만 탄성이 있다. 둘째, 두개골 후면에서 돌출된 설골(목뿔뼈)이 받쳐주는 근육질의 탄력적인 혀가 있다. 셋째, 두개골 안쪽 해면질의 뼈 부분과 두개골, 뇌를 보호하는 뇌척수액이 상호작용하여 진동을 흡수하고 억제한다. 넷째, 윗부리와 아랫부리의 길이가 다른 구조적 특징으로 충격이 분산된다.

탐조하기

공동 육추 수컷과 암컷은 교대로 둥지를 드나들며 똥도 치우고 잠시 휴식을 취하기도 한다.

1) 교대로 둥지를 드나들며 새끼를 돌보는 수컷과 암컷(2023. 5. 8. 오전 11:56, 경기 가평)
2) 똥을 물고 나오는 수컷(2023. 5. 22. 오후 2:59, 경기 가평)
3) 둥지 주변에서 휴식을 취하는 암컷(2023. 5. 25. 오후 12:45, 경기 가평)

먹이를 토해 새끼들에게 먹이는 **수컷**(2023. 5. 29. 오후 12:24, 경기 가평)

새끼들을 지키려는 거친 몸짓(2025. 5. 29. 오후 12:44, 경기 가평) 둥지 가까이 까마귀들이 몰려들자 주변에서 지켜보던 암컷과 수컷이 동시에 둥지로 날아들어 격렬한 몸짓으로 새끼들에게 경고를 보낸다.

의상행동 크든 작든 의상행동을 할 때는 어떤 형태로든 주변 은폐물을 적절히 이용한다.
1) 암컷의 의상행동(2024. 5. 17. 오전 11:46, 전북 고창)
2) 수컷의 의상행동(2024. 5. 21. 오후 1:03, 전북 고창)

찌르레기 40센티미터의 비밀

탐조 안내

대표적인 여름철새인 찌르레기는 공원이나 농경지 인근을 선호하는 친인간적인 새 중 하나다. 봄이 되면 공원의 나무 둥지 등에서 새끼를 기르는 데 여념이 없는 찌르레기 한 쌍을 목격할 수 있다. 나무 열매나 작은 곤충들을 부지런히 물어다 먹이고 틈틈이 새끼들이 배설한 똥을 내다 버리는 것도 잊지 않는다. 먹이를 주지 않고 새끼들을 둥지 밖으로 나오게 유도하기도 하는데, 이는 여느 새들처럼 이소가 임박했음을 알리는 신호다.

찌르레기는 봄에서 여름으로 이어지는 번식기에는 암수가 짝을 지어 생활하지만 번식이 끝나면 겨울부터 이듬해 봄까지 무리 지어 활동하는 특징이 있다. 찌르레기나 떼까마귀, 가창오리 등은 무리를 이루어 생활하는 대표적인 새들이다.

무리 생활을 하는 새들의 수많은 개체가 하나의 생명체처럼 움직이면서 서로 충돌하지 않는 것을 보면 경이롭기까지 하다. 이탈리아 연구진은 이 무리 안에 있는 찌르레기의 위치를 3D로 해석하여 각 개체가 배타적 공간을 형성해 충돌을 방지한다는 사실을 발견했다. 찌르레기끼리의 최단 거리는 날개를 펼친 길이 정도인 약 40센티미터에 이르렀다.

한편, 무리 안에서는 자기 주위의 예닐곱 마리와는 위치와 속도를 조절하지만 그보다 먼 곳에 있는 개체는 신경 쓰지 않는다는 것도 알게 되었다. 찌르레기 무리는 가까운 개체의 움직임에 반응하는 방법으로 협조 비행을 한다. 무리 구성원 중 누군가가 포식자의 존재를 눈치채고 회피 기동을 하면 무리도 그 움직임에 맞추어 움직인다. 무리는 경계의 눈이 수없이 많은 한 마리의 생물처럼 기능하는 것이다.

 **탐조하기**

새끼 기르기 (2023. 5. 20. 오후 3:08~4:04, 경기 하남)

거리두기(2023. 12. 4. 오전 8:41, 전북 군산) 이른 아침 기분 좋은 햇살을 받으며 찌르레기 두 마리가 전깃줄에 나란히 앉아 있다. 그러다 한 녀석이 다른 녀석 곁으로 한 발짝 다가간다. 그러자 다른 녀석 역시 똑같이 한 걸음 물러선다. 그러기를 수차례, 결국 위치만 바뀌었을 뿐 둘 사이는 한 치도 가까워지지 않았다. 그 이유를 확인할 방법은 없지만 무리 속에서의 '40센티미터' 거리두기가 생각나는 모습이라 흥미롭다.

짝을 찾는 개개비 개개비는 갈대숲이나 연잎 속에 숨어 지내기 때문에 울음소리는 요란해도 이들의 모습을 관찰하기가 여간 어려운 것이 아니다. 그러나 늦봄에서 초여름 사이에 짝을 찾는 개개비들이 갈대나 연잎 위로 올라와 열심히 짝을 부르는 등 적극적인 행동을 할 때는 이들의 멋진 모습을 카메라에 담을 수 있는 기회가 주어진다.

1) 갈대숲의 개개비(2025. 7. 23. 오전 11:09, 경기 시흥)

2) 연밭의 개개비

　A. 2025. 7. 23. 오전 8:50, 경기 시흥

　B. 2025. 7. 24. 오전 8:21, 경남 창원, 촬영: 강미영

도심에 둥지를 튼 개개비(2024. 6. 30. 오후 3:17~5:19, 서울) 보통 개개비는 갈대숲 깊숙이 둥지를 틀기 때문에 둥지에서 새끼들을 키우는 모습을 관찰하기란 거의 불가능하다. 그런데 서울의 한 식물원 정원 연못을 정비하는 과정에서 우연히 개개비 둥지가 발견되었고, 관리자들이 개개비가 육추를 끝낼 때까지 기다리면서 둥지를 보호한 덕분에 육추 과정을 사진에 담을 수 있었다.

후투티 추장새

 **탐조 안내**

후투티는 우리나라 곳곳에서 흔히 볼 수 있는 여름철새 혹은 텃새다. 후투티의 매력 포인트는 머리 위에 부챗살처럼 펼쳐진 장식깃이다. 이 장식깃의 모양과 관련해서 관모 또는 화관이라고도 하며, 그 모습이 마치 새 깃으로 장식한 인디언 추장의 모자를 닮았다고 해서 후투티를 '추장새'라고도 한다.

평상시에는 이 장식깃을 얌전히 접고 있지만 놀라거나 흥분할 때면 장식깃을 활짝 펼치면서 자신의 정체성을 유감없이 드러낸다. 특히 후투티 어미가 새끼에게 먹이를 건넬 때는 어미와 새끼가 동시에 장식깃을 활짝 펼치기도 하는데 바로 이 순간이 후투티 탐조와 촬영의 압권이다.

후투티의 또 다른 특징은 끝이 뾰족하고 아래로 굽은 긴 부리다. 이런 부리 모양은 땅속 벌레를 잡아먹기에 유리하게 특화된 것으로, 실제 후투티가 가장 즐겨 먹는 곤충은 땅강아지나 굼벵이다. 후투티 탐조는 여느 새들처럼 육추 과정에 집중되고, 사진 촬영도 대부분 둥지의 새끼에게 초점이 맞춰진다. 그러나 후투티는 둥지 근처 풀밭에서 먹잇감을 주로 사냥하기 때문에 둥

지를 벗어난 후투티 어미 새를 추적해서 먹잇감을 사냥하는 장면을 관찰하

고 사진으로 담아보는 것도 후투티 탐조의 또 다른 매력 포인트가 된다.

탐조하기

먹이 사냥(2025. 5. 6. 오전 9:40, 경기 수원) 둥지 근처 풀밭에서 굼벵이 한 마리를 사냥한 어미 새는 땅에 잠시 앉아 새끼들이 먹기 좋게 굼벵이의 숨을 죽인 후 둥지로 가져간다.

1	2
3	4
5	7
6	

어린 새끼에게 먹이 주기
1) 2024. 5. 13. 오후 2:23, 부산 서구 삼락생태공원
2) 2024. 5. 13. 오후 2:26, 부산 서구 삼락생태공원
3) 2024. 5. 13. 오후 2:29, 부산 서구 삼락생태공원
4) 5) 6) 2025. 5. 6. 오후 4:34, 경북 경주 황성공원
7) 8) 2025. 5. 8. 오후 2:31, 경북 경주 황성공원

큰 새끼에게 먹이 주기
1) 2) 3) 2023. 5. 11. 오전
11:43, 경북 경주 황성공원
4) 2023. 5. 11. 오후 4:22,
경북 경주 황성공원
1) 2)
3)
4)

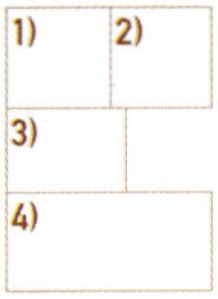

먹이로 이소를 유도하는 어미(2024. 5. 11. 오전 10:57, 충북 청주) 어미는 먹이를 물고 와서 바로 새끼에게 주지 않고 몇 차례 줄 듯 말 듯 뜸을 들이다가 먹이를 건네준다. 이소를 위한 준비 단계인 셈이다.

대가족(2024. 5. 12. 오후 4:41, 대구 달성) 많은 식구를 먹여 살리느라 어미는 눈코 뜰 새가 없다.

도시형 둥지 후투티는 친인간적인 새 중 하나다. 자연 둥지가 마땅치 않을 경우 도시 인공 구조물을 적절히 적극적으로 활용한다. 사람과 새가 건강하게 공존하는 길을 보여주는 좋은 사례 중 하나다.

1) 2025. 5. 6. 오전 9:16, 경기 수원
2) 2024. 4. 28. 오전 7:54, 전북 군산, 촬영: 양희숙

▲ **이소**(2024. 5. 12. 오전 9:35, 부산 서구 삼락
생태공원, 촬영: 임대영) 새들의 육추에서 하이
라이트는 뭐니 뭐니 해도 이소다. 이소는 육
추의 끝이자 새로운 시작이기 때문이다. 탐
조인의 입장에서 건강한 이소를 지켜보는
것은 특별한 경험이자 무한한 행복이다.

▶ **흥미로운 짝짓기**(2025. 5. 7. 오후 4:51, 경
북 경주 황성공원, 촬영: 강미영) 한창 육추가
진행되는 과정에서 느닷없이 이루어진 짝짓
기 모습이다. 서둘러 2차 육추를 준비하는
것인지 단순히 친밀도를 높이기 위한 스킨
십인지 정확하게는 알 수 없으나 오랜 기간
탐조를 해온 사람들조차 경험하지 못한 진
귀한 풍경임에는 틀림없다. 새들의 세계는
들여다보면 볼수록 신비스럽다.

대화가 필요해

(2025. 5. 2. 오전 10:11~38, 경기 고양 일산호수공원)

오래된 느티나무 둥지에서 포란이 진행 중이다. 보통의 새처럼 암컷이 포란하고 수컷이 먹이를 물어다 암컷에게 먹인다. 흥미로운 것은 이 둥지에는 위, 아래로 구멍이 두 개 있다는 점이다. 위는 암컷의 출입 구멍, 아래는 수컷이 암컷에게 먹이를 전달하는 구멍이다. 수컷은 10여 분 만에 한 번씩 먹이를 물어다 주고 암컷은 약 세 시간마다 바깥으로 나와 몸을 풀고 똥도 싸고 잠시 쉬다가 10여 분 만에 다시 둥지로 들어간다.

그런데 문제가 생겼다. 암컷이 외출한 사이 수컷이 먹이를 물고 온 것이다. 먹이를 전달하려다 암컷의 반응이 없자 수컷은 적잖이 당황한다. 암컷이 수컷에게 말이라도 하고 나갔으면 좋으련만 의사소통이 되지 않았나 보다. 한참을 기다린 후 암컷이 둥지로 돌아왔다. 수컷은 아랫구멍, 암컷은 윗구멍에 자리를 잡고 잠시 서로 숨을 고른다. 수컷은 얼른 먹이를 받으라고 재촉하지만 암컷은 먹이를 받지도 않고 둥지로 들어가지도 않는다.

잠시 암컷이 둥지 안으로 들어갔고 수컷은 아랫구멍으로 먹이를 들이밀지만 암컷은 역시 반응이 없다. 자리를 아직 잡지 못한 건지, 외출 시 잠시 간식을 먹고 들어온 건지 모르겠다. 다시 당황한 수컷은 먹이를 물고 둥지를 떠났다가 잠시 뒤 돌아와 암컷에게 먹이를 넣어주자 그제야 암컷이 먹이를 받아먹는다. 그리고 수컷은 둥지를 떠난다. 26분간 벌어진 후투티 부부의 해프닝, 이런 역동성과 의외성이 탐조를 더욱 즐겁게 한다.

암컷이 둥지 윗구멍으로 빠져나온다.

암컷이 자리를 비운지도 모르고 수컷이 먹이를 물고 들어오지만
암컷이 없자 수컷은 당혹스러운 표정으로 자리를 지킨다.

잠시 뒤 암컷이 돌아온다.

수컷이 암컷에게 먹이를 받으라고 재촉한다.
잠시 뜸을 들이던 암컷이 윗구멍을 통해 둥지 안으로 들어간다.
수컷이 둥지 안 암컷에게 먹이를 주려 하지만 암컷이 반응하지 않자
화가 난 건지 어떤 건지 그냥 먹이를 물고 휙 하니 날아가 버린다.

먹이 숨기기(2025. 4. 11.~13. 경기 수원 칠보산) 겨우내 각자 지내던 정상적인 수컷과 루시즘 암컷이 봄이 되어 짝을 맺었고, 둘은 틈만 나면 먹이를 저장한다. 앞으로 닥칠 육추기의 먹이를 확보하기 위함으로 보인다. 먹이 활동은 여느 새들처럼 오전 8시부터 11시 사이에 가장 활발하다.

사랑의 결실(2025. 4. 30. 오전 11:42, 경기 수원 칠보산) 루시즘 동고비와 일반 동고비가 짝을 맺어 둥지를 짓고 포란에 들어갔다.

새끼 기르기(2025. 4. 30. 오전 10:57~ 오후 12:08, 경기 수원 칠보산)

1)	2)
3)	4)

1) 2) 먹이 물어오기
3) 4) 똥 물어다 버리기

수컷과 암컷의 동시 출현(2025. 5. 4. 오전 11:19, 경기 수원 칠보산) 바쁘게 움직이다 보면 아주 드물게 수컷과 암컷이 둥지 입구에서 우연히 마주치기도 한다. 육추 탐조에서 볼 수 있는 무척 흥미로운 장면 중 하나다.

먹이 전달 새끼들이 아직 어리고, 부화하지 않은 알을 품느라 그러는지 암컷은 수컷보다 둥지 안에 머무르는 시간이 꽤 길다. 그러다 보니 수컷은 새끼에게 먹이를 물어다 주는 틈틈이 암컷에게도 먹이를 전달한다.

1) 둥지 안에서의 먹이 전달(2025. 4. 30. 오전 8:59, 경기 수원 칠보산)

2) 둥지 밖에서의 먹이 전달(2025. 5. 4. 오전 8:50, 경기 수원 칠보산)

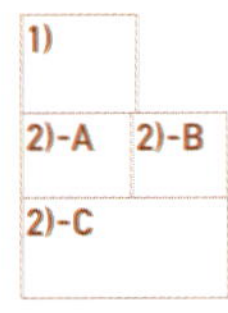

둥지 수리(2025. 5. 4. 오전 8:48, 경기 수원 칠보산) 동고비는 주로 딱다구리 둥지 등을 재활용해 사용하는데 이 구멍들은 입구가 너무 크기 때문에 진흙을 발라 자신의 몸에 맞게 작업해서 이용한다. 그러다 보니 둥지를 드나들 때마다 조금씩 흙이 떨어져 나가고 비라도 오는 날이면 그 정도가 더욱 심해진다. 그래서 새끼들에게 먹이를 물어다 주는 틈틈이 둥지를 보수하는 것도 잊지 않는다.

논병아리 노련한 잠수부

탐조 안내

논병아리는 논병아리류(논병아리, 검은목논병아리, 귀뿔논병아리, 큰논병아리, 뿔논병아리) 중 가장 덩치가 작아 몸길이가 26센티미터밖에 안 된다. 어미가 작으니 새끼들은 그보다 더 작아서 바로 코앞에 있어도 꼼지락거리지 않으면 거의 눈에 띄지 않는다. 겨울이면 연한 갈색을 띠지만 여름이면 진한 적갈색의 깃털로 바뀐다. 깃털로만 보면 전혀 다른 종인 것처럼 느껴질 정도다. 계절에 따라 깃털 색은 바뀌지만 1년 내내 변하지 않는 것이 있는데 바로 구슬처럼 생긴 노란색 눈동자이다. 이것이 바로 논병아리의 정체성이기도 하다.

논병아리는 도시공원의 크고 작은 호수에서 쉽게 볼 수 있는 흔한 새다. 더구나 논병아리는 날아서 이동하지 않고 거의 하루 종일 물에서만 지낸다. 겨울에는 물속으로 잠수해서 물고기를 사냥하는 모습을, 여름에는 귀여운 새끼를 낳아 기르는 모습을 아주 가까운 거리에서 관찰할 수 있다.

논병아리는 특히 뿔논병아리와 마찬가지로 어미가 새끼들을 등에 태우고 다니면서 키우는 아주 특별한 새 중 하나다. 그러니 사실 초보 탐조인에게는 이보다 더 좋은 탐조 대상도 없다. 필자를 탐조의 세계로 안내한 새 중 하나가 바로 분당 율동공원 호수 산책로에서 만난 논병아리였다.

논병아리의 신체 구조는 물속에 잠수해서 물고기를 잡아먹기에 유리하도록 특화되었다. 잠수할 때의 속도는 초속 2.5미터에 달한다. 물갈퀴 대신 수영에 유리한 넓적한 판족(瓣足, 물갈퀴처럼 발가락 전체가 연결되지 않고 각각의 발가락에 독립된 막이 있는 발)이 있고 다리도 몸 뒤쪽에 있어 상대적으로 꽁지깃이 거의 발달하지 못했다. 논병아리라는 이름도 '물에 사는 병아리' 같다는 의미로 불리게 되었을 가능성도 있다. 이런 신체적 특징은 물닭과 비슷하다. 뿔논병아리처럼 자기 깃털을 먹어 펠릿을 만드는 습성이 있다.

 **탐조하기**

겨울철 물고기 사냥(2022. 1. 12. 오후 3:34, 경기 성남 율동공원)

▲◀ **짝짓기**(2025. 4. 12. 오전 7:08, 인천 미추홀공원)

▼ **업어 키우기**(2025. 4. 12. 오전 7:27, 인천 미추홀공원) 새끼들이 꽤 컸지만 아침저녁으로 기온이 내려가면 어미가 품어 새끼의 체온을 유지해 준다.

 탐조하기

짝짓기 1(2025. 5. 5. 오전 10:57, 경기 화성) 장다리물떼새의 짝짓기는 다른 새들에게서는 볼 수 없는, 아름답고 숭고하기까지 한 행위예술이다.

190

오목형 알(2025. 6. 16. 오후 5:50, 경기 화성) 물떼새류의 허술한 둥지는 알이 쉽게 밖으로 굴러나갈 수 있는 구조적 약점이 있기 때문에 이를 방지하기 위해 알 모양을 한쪽은 둥글고 다른 한쪽은 뾰족한 오목형이 되도록 진화했다.

포란: 수컷(2025. 5. 30. 오전 8:36, 경기 시흥) 암컷과 수컷이 교대로 알을 품는다. 흥미로운 점은 암컷이나 수컷이나 둥지로 올라갈 때는 반드시 발을 물에 흔들어 진흙을 털어낸다는 것이다.

포란: **암컷**(2025. 5. 30. 오전 9:45, 경기 시흥)

의상행동 물떼새류는 대개 개방된 장소의 허술한 둥지에서 포란하고, 새끼들은 태어나자마자 재빠른 걸음으로 뛰어다니는 것이 특징이다. 이런 상황에서는 천적으로부터 공격받을 확률이 높아 어미는 의태행동으로 적들을 속임으로써 알이나 새끼들을 보호한다. 의태행동에는 다친 척하는 의상행동, 죽은 척하는 의사행동이 있다.

1) 2025. 6. 16. 오후 5:49, 경기 화성
2) 2025. 6. 18. 오전 9:51, 경기 화성

새끼들과 불편한 이웃들 막 알에서 깨어난 새끼들은 어미를 부지런히 쫓아다니며 먹이활동을 하지만, 곳곳에 그들의 생명을 위협하는 불편한 이웃들이 존재한다. 어미 새는 이들이 조금이라도 새끼들 주변을 기웃거리면 새끼들에게 바로 경계경보를 발령하고 위협적인 행동으로 몰아낸다.

1) 갓 태어난 새끼(2025. 6. 13. 오전 11:38, 경기 시흥)
2) 불편한 이웃들
   A. 2025. 6. 13. 오전 11:19, 경기 시흥
   B. 2025. 6. 13. 오전 11:32, 경기 시흥

뒷부리장다리물떼새 흑백의 조화

탐조 안내

가늘고 긴 부리의 끝부분이 위쪽으로 휘었다고 해서 붙인 이름이다. 몸색은 전체적으로 흰색과 검은색이 절묘하게 섞여 있어 그 모습이 상당히 우아한데, 특히 날개를 활짝 펴고 날 때 위에서 내려다보면 '11자' 형태로 나타나는 흑백의 조화가 무척이나 아름답다. 겨울이 되면 흰색은 회색, 검은색은 흑갈색으로 바뀐다.

그동안 이 새는 우리나라에서 봄과 가을철에 잠시 머물다 가는 나그네새로 알려져 왔다. 그런데 최근에는 다수의 개체가 월동을 하고 일부 개체는 여름철에 번식까지 하는 것으로 알려져 탐조인들의 관심을 끌고 있다.

이러한 상황에서 봄철에 짝짓기하는 모습을 탐조인들이 여러 차례 목격했고, 연구자들은 2015년부터 번식기에 전북 군산 새만금 간척습지 일대에서 연속으로 3년 동안 성조를 관찰하기도 했다.

그러던 중 2018년 6월, 결국 국내 최초로 이들의 번식 상황을 실제로 확인하게 되었다. 당시 현지에서는 성조와 4개체의 어린 새가 함께 활동하고 있었다. 전문가들에 따르면 이는 극동아시아에서 최남단 번식 사례였다. 이후 같은 지역에서 둥지를 틀고 포란을 시도하거나 새끼를 키우는 모습이 꾸준히 관찰되고 있다.

한편, 월동하는 개체가 확인된 것은 2021년 12월 전북 군산시 옥서면 일대, 2023년 12월 부산 을숙도 등지에서였고, 필자는 2026년 1월에 군산 성산면 일대에서 관찰한 바 있다. 뒷부리장다리물떼새도 지구적 기후변화라는 큰 흐름에 따라 서식 방식이 근본적으로 바뀌고 있는 것으로 보인다.

 탐조하기

우아한 날갯짓(2024. 4. 14. 오후 6:26, 충남 당진 삽교천)

아름다운 반영(2024. 4. 18. 오전 6:56, 전북 군산 새만금 수라갯벌) 탐조 시 거울 같은 수면에 비치는 반영(反影)을 만나고 이를 사진으로 담을 수 있는 기회를 얻는 것은 큰 행운이다.

번식 개체 뒷부리장다리물떼새의 국내 번식 가능성이 알려진 것은 2015년부터였고 2018년에 처음으로 번식 개체가 관찰되었다.

1) 둥지가 있는 풍경(2018. 7. 6. 전북 군산 새만금 간척습지, 촬영: 박헌우)
2) 어린 새의 먹이 활동(2018. 7. 5. 전북 군산 새만금 간척습지, 촬영: 박헌우)

포란을 시도하는 어미 새(2023. 5. 5. 오후 5:20, 전북 군산 새만금, 촬영: 양희숙)

어린 새를 데리고 다니는 어미 새(2023. 6. 8. 오전 11:09, 전북 군산 새만금, 촬영: 양희숙)

월동하는 개체 해안 갯벌 지대에서 뒷부리장다리물떼새가 먹이 활동을 하고 있다. 부리 끝이 위쪽으로 휜 뒷부리는 갯벌의 얕은 물속을 이리저리 뒤져 먹이를 잡는 데 최적화된 도구다.
1) 2026. 1. 5. 오후 12:52, 전북 군산
2) 2026. 1. 5. 오후 12:50, 전북 군산
3) 2026. 1. 5. 오후 12:54, 전북 군산
4) 2026. 1. 6. 오전 10:03, 전북 군산

불편한 이웃(2026. 1. 5. 오후 1:12, 전북 군산) 간혹 바로 삼키지 못할 정도로 큰 먹이를 잡으면 이내 주변을 서성거리던 갈매기가 여지없이 달려든다.

 **탐조하기**

▲ **육추 중인 긴 꽁지깃이 있는 수컷**(2023. 7. 26. 오후 12:49, 전북 군산)

◀ **육추 중인 긴 꽁지깃이 없는 수컷**(2023. 7. 27. 오전 10:59, 전북 군산) 하루 전만 해도 긴 꽁지깃이 있었지만 하룻밤 사이에 꽁지깃이 빠진 상태로 새끼들을 돌보고 있었다. 긴 꽁지깃은 육추 과정에서 빠져나갈 수도 있고, 침입자들과의 싸움에서 잃을 수도 있다.

▲목욕을 하고 있는 긴 꽁지깃이 없는 어린 새 수컷(2024. 6. 16. 오후 1:57, 제주) 긴 꽁지깃이 아직 완전히 자라지 않은 상태다.

◀육추 중인 수컷(오른쪽)과 암컷(왼쪽)(2023. 7. 27. 오전 8:57, 전북 군산) 수컷은 긴 꽁지깃이 빠진 상태다.

◀새끼의 똥을 부리로 받아내는 수컷(2023. 7. 27. 오후 12:54, 전북 군산)

새끼의 똥을 호버링으로 받아내는 암컷(2025. 6. 27. 오후 3:23, 전북 완주) 보통은 어미 새가 둥지 위에 올라서서 새끼의 똥을 받아내지만 서로 타이밍이 맞지 않으면 호버링(정지비행) 상태에서 똥을 받는 묘기를 보여주기도 한다. 이런 돌발적인 상황은 탐조의 시간을 더욱 즐겁고 가슴 설레게 한다.

▲ **목욕 장면 1: 암컷**(2024. 6. 11. 오전 8:28, 제주) 긴꼬리딱새의 목욕은 찰나적이다. 웅덩이 근처 나무 위에 숨은 듯이 앉아 있다가 느닷없이 물속으로 뛰어들어 몸을 적신 다음 지체 없이 곧바로 날아오른다.

◀▼ **목욕 장면 2: 암컷**(2024. 6. 11. 오전 10:15, 제주)

목욕 장면 3: 수컷(2024. 6. 12. 오전 8:19, 제주)

목욕 장면 4: 수컷
(2024. 6. 13. 오전
7:56, 제주)

(2024. 6. 16. 오전 8:03, 제주)

▲ **목욕 장면 6: 수컷**(2024. 6. 16. 오전 9:20, 제주)

◀ **목욕 장면 7: 수컷**(2024. 6. 16. 오전 11:02, 제주)

목욕 연속 장면: 수컷(2024. 6. 16. 오전 9:20, 제주)

◀ 중부지방에서 관찰된 긴꼬리딱새
(2025. 5. 18. 오후 12:19, 충북 음성, 촬영: 김갑수) 지구 온난화 등 환경변화로 인해 최근에는 중부지방에서도 긴꼬리딱새를 관찰할 수 있게 되었다.

이소 직전의 새끼 다리와 날개에 힘이 생긴 새끼들은 틈틈이 둥지 위나 옆 가지 위에 올라서기를 반복하며 둥지 떠날 준비를 한다. 이런 상황이 벌어지면 적어도 하루이틀 만에 첫째의 이소가 이루어진다.
1) 2025. 6. 28. 오전 9:47, 전북 완주
2) 2025. 7. 11. 오전 10:51, 강원 원주

이소 후 어린 새의 세상 배우기 이소한 어린 새들은 일정 기간 둥지 주변에 머물면서 몸집을 키우고 생존에 필요한 여러 가지를 경험하고 배운다. 그 가운데 탐조인들의 흥미를 끄는 것 중 하나는 바로 목욕하기다. 이제 막 새로운 것들을 배워가기 시작하는 어린 새는 모든 게 서툴다. 필자가 관찰한 아주 앳된 어린 새는 무려 네 차례나 실패한 후 다섯 번째 만에 물속으로 뛰어드는 데 성공했다.

1) 연못 근처 나뭇가지에 앉아 있는 어린 새: 어른 새와 달리 푸른색 눈 테의 폭이 좁고 광택이 없는 것이 특징이다. 이 시기에는 암수 모두 꼬리가 짧아 성별 구분이 불가능하다. 1년이 채 안 된 아주 어린 새는 생김새가 어른 새와 뚜렷하게 다르지만 1년 이상 자란 어린 새는 암컷과 비슷해서 쉽게 구별할 수 없다.   A. 2025. 8. 16. 오전 11:05, 제주,   B. 2025. 8. 16. 오후 2:31, 제주

2) 목욕하기를 시도하는 어린 새(2025. 8. 18. 오후 1:46, 제주): 나뭇가지에서 뛰어내려 무려 네 차례나 물속으로 뛰어들기를 시도했으나 성공하지 못했다.

3) 목욕하기에 성공한 어린 새(2025. 8. 18. 오후 1:47, 제주): 네 번 실패 후 다섯 번째 만에 목욕하기에 성공했다.

둥지로 다가가기(2025. 6. 23. 오후 1:11~ 6.26. 오전 9:52, 전북 완주) 팔색조는 경계심이 강한 새 중 하나다. 지렁이를 잔뜩 입에 물고서도 바로 둥지로 들어가지 않고 둥지 앞쪽 나뭇등걸이나 나뭇가지에 앉아 몇 차례나 안전을 확인하고서야 징검다리 건너듯 통통 튀거나 날아서 둥지로 들어간다.

219

똥 물어다 버리기 갓 부화한 새끼의 똥은 어미 새가 먹어버리지만 4~5일이 지난 새끼 똥은 입으로 물어다 바깥에 버린다. 성조의 배설물은 대개 액체 상태이지만 새끼 똥은 얇은 막으로 둘러싸여 있어 어미가 쉽게 물어다 버릴 수 있도록 되어 있다.
1) 2025. 6. 23. 오후 12:28, 전북 완주
2) 2025. 6. 24. 오후 1:53, 전북 완주

비 오는 날 또 하나의 기회 비 오는 날의 탐조는 상당히 번거롭지만 상대적으로 색다른 사진을 찍을 수 있는 좋은 기회가 되기도 한다. 비 오는 날은 맑은 날보다 팔색조의 화려한 색채가 더욱 선명하게 살아나는 것은 물론이고, 잠시 나뭇가지에 앉아 젖은 날개의 물기를 털어내려는 특이한 몸짓을 사진으로 담아낼 수 있다.
1) 2025. 6. 24. 오후 12:39, 전북 완주,   2) 2025. 6. 24. 오후 1:51, 전북 완주

◀▲ 이른 봄에 관찰되는 큰유리새
1) 보리수 열매를 따 먹는 수컷(2025. 4. 28. 오전 8:04, 전북 군산 어청도)

2) 해안 절벽에서 잠시 휴식을 취하는 수컷(2025. 4.
27. 오후 4:46, 전북 군산 어청도)

계곡 바위틈에 둥지를 튼 큰유리새
(2023. 7. 20. 오전 11:14, 경북 영천)

이소 직전의 새끼(2024. 7. 21. 오후 4:53, 경북 청송) 어미가 이소를 준비시키느라 하루종일 쫄쫄 굶겼더니 배고프다고 아우성이다. 이 사진을 촬영하고 다음 날 오후, 새끼는 둥지를 떠났다.

한여름 더위 피하기(2025. 7. 23. 오후 2:20~47. 경기 이천) 한낮 기온이 30도가 훌쩍 넘어서는 여름날이 이어지면 파랑새는 아주 독특한 방법으로 한여름 더위를 이겨낸다. 탐조인들 사이에서 이른바 '물치기'로 불리는 피서법이다. 여러 새들이 물치기로 더위를 식히지만 그중에서도 최고는 파랑새다.

물 마시기(2025. 8. 12. 오후 4:37, 경기 이천) 파랑새는 물치기 과정에서 순간적으로 물 한 모금을 입에 담고 날아오르는 묘기를 보여주기도 한다.

오리나무 열매 따 먹기(2025. 8. 8. 오전 10:30, 경남 김해) 파랑새는 주로 작은 곤충류를 잡아먹지만 가끔은 나무 열매를 따 먹는 모습도 관찰된다.

파랑새 무리(2025. 7. 30. 오후 2:49, 경남 거창, 촬영: 고인재) 새 탐조의 즐거움 중 하나는 의외성이다. 파랑새 한두 마리가 함께 하는 모습은 흔히 보지만 여러 마리가 마치 가족처럼 한자리에 모여 앉아 한가한 시간을 보내는 모습은 결코 흔하지 않은 풍경이다. 파랑새가 무리를 짓는 것은 곧 우리나라를 떠날 때가 되었다는 징조이기도 하다.

1)   2)

파랑새 영어 이름의 근거 두 가지
1) 'Broad-billed Roller'의 근거인 붉고 두꺼운 부리(2024. 6. 28. 오후 3:19, 경기 안산)
2) 'Dollarbird'의 근거가 된 날개 안쪽의 흰색 점무늬(2023. 6. 17. 오전 9:26, 경기 가평 남이섬)

부리가 검은 어린 새 파랑새의 정체성 중 하나가 붉고 두꺼운 부리이지만 이것은 성조의 경우이고, 어린 새는 부리가 검은색을 띠는 것이 특징이다. 가장 간단히 성조와 어린 새를 구별할 수 있는 판단 기준이기도 하다.

1) 2025. 8. 25. 오후 1:47, 경기 이천
2) 2025. 8. 27. 오후 3:01, 경기 이천

아름다운 날개(2025. 8. 24. 오후 2:56, 경기 이천) 새의 날개는 빛이 비치는 각도에 따라 다양한 색깔을 띠는데 특히 파랑새는 더욱 그렇다.

까치 둥지에서의 육추(2025. 7. 16. 오전 9:47, 서울 올림픽공원, 촬영: 김준진) 까치 둥지는 여러 새가 재활용해서 사용하는데 파랑새도 그중 하나다.

꾀꼬리

못 찾겠다 꾀꼬리

 **탐조 안내**

한여름 도시공원에서는 꾀꼬리 육추가 한창 진행되고, 덩달아 탐조인들은 몸과 마음이 바빠진다. 그러나 꾀꼬리는 생각보다 사진을 찍기가 결코 쉽지 않은 매우 까다로운 새 중 하나다. 일단 이 녀석들은 숲속 깊이 높은 나무, 그것도 교묘히 나뭇가지 뒤에 숨겨서 둥지를 짓는다. 그러니 둥지를 우연히 발견한다고 해도 온전히 어미와 새끼들의 모습을 사진으로 담아내기가 여간 어려운 게 아니다.

그뿐이 아니다. 둥지를 드나드는 꾀꼬리 성조 역시 눈에 잘 띄지 않는다. 물론 꾀꼬리의 노랑과 검정의 조화로운 몸 색은 하늘을 날 때는 단박에 눈에 띄고 아름답고 현란하기까지 하다. 그렇지만 일단 숲속으로 숨어들기만 하면 그 존재감은 완벽하게 사라지고 만다. 노랑과 검정의 조합이 무성한 나뭇잎의 명암과 기가 막힐 정도로 조화를 이루기 때문이다.

꾀꼬리의 아름다운 몸 색은 우리 눈을 즐겁게 해주려는 것이 아니라 스스로를 우리 눈으로부터 보호하려는 장치인 것이다. 조용필의 히트곡처럼 정말 '못 찾겠다 꾀꼬리 꾀꼬리~'다.

▶ **완벽한 둥지**(2025. 6. 19. 오전 11:00, 경기 고양 일산호수공원) 꾀꼬리 둥지는 여느 새의 둥지보다 완벽하고 예술적이기까지 하다. 보통 식물의 뿌리나 잎을 엮어 오목한 밥그릇 모양의 둥지를 만들고 이를 수평으로 뻗은 나뭇가지 사이에 절묘하게 매달아 놓는다. 둥지를 엮고 매다는 데는 거미줄을 이용한다.

온몸을 드러낸 꾀꼬리(2023. 6. 17. 오전 8:47, 경기 가평 남이섬) 꾀꼬리는 여간해서는 온몸을 드러내는 경우가 흔하지 않지만 둥지 주변 가장 높은 나뭇가지를 전망대로 삼아 오가는 길에 잠시 머무르기도 한다.

1) 2023. 6. 15. 오후 1:10, 경기 가평 남이섬
2) 2023. 6. 15. 오후 3:05, 경기 가평 남이섬
3) 2023. 6. 17. 오전 8:47, 경기 가평 남이섬
4) 2023. 6. 17. 오전 9:27, 경기 가평 남이섬
5) 2023. 6. 17. 오전 9:22, 경기 가평 남이섬

교묘하게 숨긴 둥지
1) 2023. 6. 20. 오전 10:28, 서울 올림픽공원
2) 2023. 6. 22. 오전 8:53, 서울 올림픽공원
3) 2023. 6. 25. 오후 12:28, 경기 가평 남이섬
4) 2023. 6. 25. 오전 11:47, 경기 가평 남이섬
5) 2023. 6. 25. 오후 12:58, 경기 가평 남이섬

1)	2)
3)	
4)	5)

이소 직전의 둥지 풍경(2025. 7. 2. 오후 12:41, 경기 고양 일산호수공원) 이소할 때가 가까워지면 꾀꼬리 둥지는 꽤나 어수선해진다. 먹이를 가져온 어미와 이를 받아먹으려는 새끼들이 뒤엉켜 초점을 맞추기가 쉽지 않다. 거기에다 바람이라도 세차게 불기라도 하면 사진 촬영은 묘기에 가까워진다. 그러나 잘만 포착하면 평소에는 나뭇가지나 잎에 가려 보이지 않던 둥지와 새끼들 모습을 온전히 앵글에 담을 수 있는 기회가 주어지기도 한다.

아름다운 물치기(2025. 8. 8. 오후 12:33~8.9. 오전 7:29, 경남 김해) 새들은 한여름 무더위를 식히기 위한 수단의 하나로 물치기를 한다. 섭씨 32도가 넘고 바람이 불지 않는 맑은 날 오후에 새들의 물치기는 절정을 이룬다. 꾀꼬리도 그중 하나다. 특히 탐조인들의 눈을 한눈에 사로잡는 것은 꾀꼬리 특유의 노란색 깃털이 잔잔한 수면 위에서 아름다운 데칼코마니를 이루는 풍경이다. 한여름 '폭염경보'는 탐조인들에게 그야말로 '양날의 칼'이다.

물총새 패대기치기 선수

탐조 안내

물총새는 대표적인 여름철새다. 그러나 일부 남부지역에서는 텃새로 살아 가기도 한다. 물가의 나뭇가지에 앉았다가 총알처럼 물속으로 뛰어들어 작은 물고기를 잡아먹고 산다. 이름 그대로 물총새다.

물총새의 생김새는 무척 개성이 강하다. 몸에 비해 부리와 머리가 크고, 다리와 꽁지깃은 상대적으로 짧다. 크고 날카로운 부리는 물고기를 잘 잡아 먹도록 특화되었고, 짧은 꽁지깃과 다리는 흙벽에 굴을 파고 만든 둥지로 드 나드는 데 유리하다. 같은 물총새과인 호반새와 청호반새의 신체 특징도 이 와 비슷하다. 수컷과 암컷은 부리의 색으로 구별한다. 전체가 검으면 수컷, 윗부리는 검고 아랫부리가 주황색이면 암컷이다.

물총새 탐조의 하이라이트는 물가 높은 나뭇가지 위에 앉아 있다가 물속 의 물고기를 발견하면 총알같이 몸을 날려 순식간에 물고기를 낚아채는 사 냥 순간을 포착하는 것이다. 홰가 마땅치 않거나 마음에 들지 않을 때는 공 중에서 잠시 호버링(hovering, 정지비행)을 하다가 기회가 오면 물 쪽으로 몸을 날려 먹이를 사냥한다. 이 순간은 이 세상 그 어느 곳에서도 볼 수 없는 아름답고 화려한 물 쇼를 감상하는 시간이다.

물총새는 일단 물고기를 잡으면 바위나 나뭇가지에 앉아 패대기를 쳐서 기절시킨 다음 그 자리에서 혹은 안전한 다른 장소로 이동해서 천천히 식사를 즐긴다. 물총새는 일단 자리를 잡으면 대개 같은 장소에서 반복적으로 먹이 활동을 하는 습성이 있어 물총새를 발견하면 그다음부터는 쉽게 녀석을 만날 수 있다.

새끼들이 태어나면 어미는 새끼들을 데리고 먹이터로 나와 물고기 잡는 방법을 가르친다. 어린 새끼들은 처음엔 용기가 없어 우왕좌왕하지만 시간이 흐르면서 조금씩 어미의 사냥 비결을 터득해 간다. 이런 과정에서 가끔 어린 물총새들끼리 먹이 사냥터 자리 차지를 놓고 다툼이 일어나기도 하지만 몸을 다치는 싸움으로까지는 번지지 않는다. 이런 과정을 통해 형제들 사이의 서열이 결정되고, 완전 독립체로서 살아가기 위한 각자의 영역이 결정된다. 물총새는 성조가 되면 철저하게 단독생활을 하는 대표적인 새들 중 하나다.

운이 좋으면 의외의 장소에서 어미에게서 완전히 독립한 어린 물총새를 발견할 수도 있다. 어린 새는 성조에 비해 전체적으로 깃털 색이 탁한 것이 특징이다. 덩치도 작고 날갯짓도 아직은 서툴지만 열심히 물속으로 뛰어들어 물고기를 잡아먹는다. 비록 아주 작은 물고기만을 잡아도 잡은 물고기를 바위에 부딪쳐 기절시킨 후 먹는 것을 잊지 않는다. 어미에게서 배웠는지, 아니면 본능인지는 모르지만 보면 볼수록 신기하다.

둥지 파기와 수리하기 운이 좋으면 초여름에 흙벽에 둥지를 짓는 물총새 커플을 관찰할 수 있다. 포란이 진행되는 중에도 둥지가 훼손되면 수시로 흙을 물어 내다 버리고 둥지를 수리하는 일을 게을리하지 않는다.
1) 둥지 파기(2025. 6. 20. 오전 9:43~45, 경기 연천, 촬영: 조철행)
2) 둥지 수리하기(2025. 7. 7. 오전 9:57, 경기 연천, 촬영: 최형룡)

1)-A	1)-B
2)	

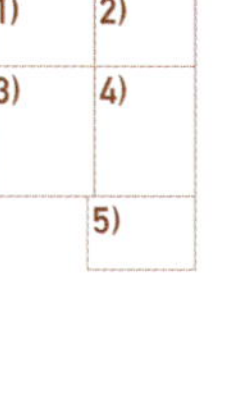

1)	2)
3)	4)
	5)

물총새의 사냥법 1: 뛰어들기
1) 2023. 8. 15. 오후 1:20, 경기 양주
2) 2023. 8. 25. 오전 11:32, 전남 담양
3) 2023. 9. 7. 오후 2:04, 전남 담양
4) 2023. 9. 7. 오후 2:04, 전남 담양
5) 2023. 9. 1. 오후 12:47, 전남 담양

물총새의 사냥법 2: 물고기 잡기

1) 2023. 5. 15. 오후 3:50, 경기 양주
2) 2023. 5. 15. 오후 4:07, 경기 양주
3) 2023. 9. 1. 오전 8:52, 전남 담양

▼ **물총새의 사냥법 3: 날아오르기** 물총새가 늘 물고기를 낚는 것은 아니다. 그러나 사진을 담아내는 탐조인 입장에서는 결코 놓쳐서는 안 되는 흥분된 순간이다.

1) 2023. 9. 4. 오전 8:47, 전남 담양
2) 2023. 8. 25. 오전 10:25, 전남 담양

물총새의 사냥법 4: 물고기 기절시키기
1) 2023. 9. 1. 오후 12:37, 전남 담양
2) 2023. 8. 25. 오전 10:26, 전남 담양

▲ **어린 새들의 기세 싸움**(2023. 8. 8. 오후 12:33, 경기 양주)
◀ **호버링**(2023. 9. 4. 오전 10:53, 전남 담양)

◀▲ **독립한 어린 새의 사냥 연습**(2023. 6. 27. 오전 8:52~9:10, 경기 성남 율동공원) 공원 산책로에서 우연히 마주친 물총새 어린 새다. 처음 보았을 때는 사냥이 꽤 서툴더니 시간이 지나면서 상당히 능숙해졌다.

물치기 물총새도 파랑새나 꾀꼬리처럼 무더위를 식히기 위해 물치기를 한다. 그러나 물총새의 물치기는 아주 독특하다. 다른 새들처럼 물을 스치는 것이 아니라 다이빙하듯이 물속으로 텀벙 뛰어든다. 어쨌든 늘 물속에서 생활하는 물총새가 따로 물치기를 하는 날은 정말 무더운 날이라고 보면 된다.

1)-A	1)-B
1)-C	1)-D
2)	

1) 두 마리의 물총새를 추적하던 중에 만난 물치기 풍경(2025. 8. 8. 오전 11:47, 경남 김해): 앞서가던 녀석이 돌연 물속으로 뛰어들며 물보라를 일으키자 뒤따르던 녀석은 그 물보라 속을 뚫고 지나면서 저절로 물치기를 하는 진풍경이 벌어졌다.

2) 먹이 사냥하듯이 물속으로 뛰어들어 더위를 식히는 물총새(2025. 8. 18. 오전 10:00, 제주): 짧은 시간 동안 무려 다섯 차례나 물치기가 이루어졌다.

눈 깜짝할 사이

물총새 사냥은 그야말로 눈 깜짝할 사이에 이루어진다. 육안으로 보기도 어렵지만 사진으로 담아내기가 여간 까다로운 것이 아니다. 과거에는 이러한 순간을 촬영하는 것은 불가능에 가까웠지만 카메라 성능이 발달하면서 지금은 손쉽게 사진으로 촬영할 수 있게 되었다.

우리가 흔히 말하는 '눈 깜짝하는 순간'을 숫자로 말하면 대략 400/1000초, 즉 0.04초다. 우리 눈의 원리를 이용해서 만든 것이 카메라 셔터다.

새가 날아가는 장면을 깨끗하게 잡기 위해서는 보통 1/2000초, 즉 0.0005초 이상의 빠른 속도로 셔터를 열고 닫아야 한다. 그러나 한번 셔터를 누르면 기계적으로 그 화상 데이터를 처리하는 시간이 필요하기 때문에 연속해서 이런 속도로 계속 사진을 찍을 수는 없다.

이러다 보니 새 사진 촬영에서 얼마나 빠른 속도로 연속해서 사진을 찍고 기록할 수 있는지가 관심사가 된다. 미러리스 카메라는 대략 초당 20컷 이상을 찍을 수 있는 성능을 가졌다. 이 말은 새의 순간 동작을 셔터 스피드 0.0005초(1/2000초)의 속도로 찍을 경우라도 '기록 처리' 시간까지 합해 0.005초가 지나면 다른 사진을 찍을 수 있다는 의미다.

어쨌든 우리 눈이 한 번 깜짝하는 데 약 0.04초 걸리는 것을 생각하면 0.005초든 0.0005초든 상상을 초월하는 속도감이다. 사진을 찍을 때 직접 우리가 보지 못한 순간을 컴퓨터 화면에서 새롭게 '발견'할 수 있는 이유가 바로 여기에 있다. 새 사진 촬영의 매력 포인트이기도 하다.

호반새
뱀 먹는 빨강새

탐조 안내

호반새는 물총새과(물총새, 호반새, 청호반새, 뿔호반새)에 속하는 새다. 물총새 류의 공통점은 머리와 부리가 크고, 꽁지깃과 다리가 짧다는 점이다. 이러한 특징은 높은 곳에 앉아 있다가 빠른 속도로 급강하하면서 얕은 물속이나 물가 숲속에 사는 먹잇감을 사냥하는 습성에 최적화된 것으로 보인다. 호반 새의 '호반(湖畔)'도 바로 호숫가라는 뜻이다. 같은 물총새과로 물총새와 뿔 호반새는 물고기만 잡아먹지만, 호반새와 청호반새의 먹잇감은 물고기를 포 함해서 훨씬 다양하다.

같은 물총새과 중 호반새는 생김새가 무척 도드라진다. 호반새는 머리부 터 발끝까지 온통 붉은색이다. 그러니 생김새로만 보면 '까마귀'나 '파랑새'처 럼 호반새도 '빨강새'가 더 어울릴 듯하다. 이러한 까닭에 우리 선조들은 이 호반새를 '적우작(赤羽雀)'이라 불렀다.

호반새는 우리나라에서 흔하게 볼 수 없는 여름철새 중 하나다. 갓 태어난 새끼에게는 작은 곤충이나 물고기, 개구리들을 먹이지만, 덩치가 커지고 이 소할 때가 다가오면 뱀 같은 큰 파충류를 주로 먹인다. 어미 새의 부리에 물려 있는 먹잇감을 보면 이소 시기를 어느 정도 예측할 수 있다. 흥미로운 점은 새끼가 둥지를 떠날 무렵이면 어김없이 고단백의 큼지막한 뱀을 잡아다 먹인다는 것이다. 어미가 뱀을 물고 둥지로 날아올 때면 이소 순간을 노리는 탐조인들의 긴장감은 한층 고조된다.

 **탐조하기**

물고기 사냥 물속으로 거의 수직으로 뛰어내려 물고기를 잡아 올리는 모습은 물총새를 쏙 빼닮았다.
1) 2024. 7. 14. 오전 6:46, 경기 양주
2) 2024. 7. 14. 오전 9:56, 경기 양주
3) 2024. 7. 14. 오전 9:56, 경기 양주
4) 2024. 8. 8. 오전 9:29, 경기 양주
5) 2024. 8. 8. 오전 9:29, 경기 양주

1)	2)
3)	4)
5)	

개구리를 잡아온 어미

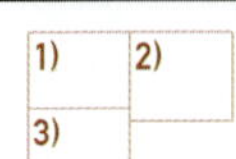

1) 2023. 7. 22. 오전 9:24, 경북 영천
2) 2024. 7. 14. 오전 9:45, 경기 양주
3) 개구리 기절시키기(2024. 7. 14. 오전 9:45, 경기 양주): 호반새는 물총새처럼 살아 있는 물고기나 개구리를 잡으면 나무에 패대기를 쳐서 기절시킨 다음 먹는 습성이 있다.

▲ **지네를 잡아온 어미**(2023. 7. 21. 오후 1:34, 경북 영천 자천리 오리장림숲)

▲ **둥지 밖으로 똥을 싸는 새끼**(2023. 7. 31. 경북 영천 자천리 오리장림숲) 사람이나 새나 먹은 만큼 잘 배설하는 것이 무척 중요하다. 새끼는 둥지 밖으로 오줌과 똥이 섞인 물똥을 곡사포처럼 날려버린다.

뱀을 잡아다 먹이는 어미(2023. 8. 1. 오전 8:01, 경북 영천 자천리 오리장림숲)

뱀을 먹고 둥지를 떠나는 새끼(2023. 8. 2. 오전 9:00~06, 경북 영천 자천리 오리장림숲) 둥지를 막 벗어난 새끼는 잠시 근처 나뭇가지에 앉아 휴식을 취한 뒤 어미 새가 인도하는 대로 다른 장소로 이동한다.

뱀을 입에 문 채 이소하는 새끼(2024. 8. 1. 오후 4:00, 경북 영천 자천리 오리장림숲, 촬영: 박성하) 새끼의 이소는 대개 뱀을 받아먹은 직후에 이루어지지만 아주 드물게 뱀을 그대로 물고 바로 이소하기도 한다. 탐조인의 입장에서 이런 희귀한 장면을 포착하고 사진으로 담을 수 있는 것은 그야말로 큰 행운이다.

이소 후의 2차 육추(2023. 7. 12. 오후 12:30, 충남 공주 신원사, 촬영: 김영윤) 새끼들은 둥지를 벗어난 후에도 상당 기간 어미로부터 먹이를 받아먹으며 몸집을 키운다. 이런 장면은 탐조인이라면 누구나 보고 싶어 하지만 선택된 극소수의 사람만이 경험할 수 있는 귀중한 순간이다.

청호반새 꺾인 둥지

탐조 안내

청호반새는 절개지 절벽에 구멍을 파서 둥지를 틀고 새끼들을 기른다. 절개지를 이루는 지질은 주로 화강암이나 편마암 풍화토이며, 일반적으로는 마사토(磨沙土)로 알려져 있고 지리학 용어로는 새프롤라이트(saprolite)라고 한다. 새프롤라이트는 점토와 모래가 적당히 섞여 있어 배수가 잘되면서도 쉽게 무너지지 않는다. 청호반새는 바로 이러한 물리적 특성을 최대한 활용하는 참으로 영리한 새다.

청호반새를 포함한 모든 새의 육추 하이라이트는 이소, 즉 새끼들이 둥지를 떠나는 것이다. 청호반새는 이소가 임박해지면 호반새처럼 집중적으로 고단백의 뱀을 물어다 새끼에게 먹인다. 이 시기에는 이소를 유도하기 위해 잡아온 먹이를 새끼에게 주지 않고 다시 물고 나가는 모습도 종종 관찰된다. 이소는 대개 하루이틀 만에 모두 이루어지며, 둥지를 벗어난 새끼들은 둥지 근처에 잠시 머무르다 어미의 신호에 따라 한 장소에 모인 다음 새로운 육추 장소로 떠난다.

그런데 청호반새의 이소 특징은 여느 새들과 달리 대개 '예비 동작'이 없다는 점이다. 탐조인 입장에서는 그만큼 그 순간을 포착하고 사진으로 담아내기가 정말 어렵다. 이렇게 청호반새 새끼가 예비 동작을 보이지 않는 이유 중 하나는 이중 구조의 형태를 보이는 청호반새의 독특한 둥지 때문인 것으로 보인다.

청호반새 둥지는 입구로 들어가자마자 '∧'자 형태로 위쪽으로 경사졌다가 다시 아래로 꺾이는 구조다. 대부분 새끼가 둥지에 발을 딛는 것으로 이소를 예측하는데, 이런 구조에서는 발을 딛고 올라설 공간이 없으니 이소의 사전 행동을 감지하기 어렵다.

그러나 필자가 새끼 다섯 마리의 이소를 지켜본 바로는 예비 동작이 전혀 없는 것은 아니다. 총 다섯 번 중 직접 관찰한 것은 1차, 3차, 4차 등 모두 세 차례로, 이 중 3차와 4차는 꽤 명확한 예비 동작을 보여주었다. 다른 새들처럼 발이 아닌 부리를 보여주는 것이다. 즉, 경사진 둥지 턱의 정점에 발을 딛고 둥지 아래쪽으로 부리를 몇 차례 내미는 행동을 보여주다가 이로부터 대략 10여 분 뒤 바로 3차 이소, 50여 분 뒤 4차 이소가 이루어졌다.

단편적인 경험으로 이러한 특성을 일반화하기는 어렵지만, 일단 이러한 '사전 행동'을 기억한다면 청호반새 이소 순간의 포착이 좀 더 수월해질지도 모르겠다. 한편, 청호반새가 하필이면 왜 이러한 독특한 ∧자 형태의 이중 구조의 둥지를 갖게 되었는지도 여전히 수수께끼다.

둥지 파기 한 해 육추를 시작하는 청호반새가 가장 먼저 하는 일은 흙 절벽에 구멍을 파내 둥지를 마련 하는 것이다.
1) 2025. 5. 16. 오전 10:49, 경기 연천, 촬영: 조철행
2) 2025. 5. 18. 오전 11:49, 경기 연천, 촬영: 조철행

육추 1(2024. 7. 23. 오후 2:15, 경기 연천) 청호반새는 둥 지의 특성상 육추 기간에 여느 새들과 달리 새끼가 머 리를 내밀고 어미 새의 먹이를 받아먹는 모습을 보기 가 어렵다. 그저 어미 새가 먹이를 물고 둥지 속으로 들어갔다 되돌아 나오는 모습만 볼 뿐이다. 육추 초기 에는 작은 먹이를 먹이지만 이소가 임박하면 뱀과 같 은 큰 먹잇감을 물고 오기 시작한다. 그리고 이소가 임 박하면 어미 새는 둥지까지 먹이를 가져오지만 먹이 를 먹이지 않고 되돌아 나오기를 반복하면서 자연스 럽게 새끼들이 둥지 밖으로 나오도록 유도한다.

| 1) | 2) |

육추 2 이소가 임박하면 뱀과 같은 고단백 먹잇감을 물어다 먹이지만 이소 직전에는 물어온 먹이를 되가져가는 행동이 반복적으로 이루어진다.
1) 2023. 7. 29. 오전 10:05. 경기 연천
2) 2023. 7. 31. 오후 12:52. 경기 연천

| 1) | 2) |
| 3) | 4) |

이소 다섯 마리의 새끼 중 첫째부터 셋째까지의 이소 장면을 담을 수 있었다. 첫째의 경우 이소 징후 없이 돌발적으로 이소가 진행되어 대부분의 사람들이 그 순간을 포착할 수 없었다. 필자의 경우는 '프리 릴리스 캡처' 기능을 활용해 운 좋게 그 모습을 촬영할 수 있었다. 둘째부터는 약간의 이소 징후가 있어 사진으로 담을 기회가 어렵게나마 주어졌다. 프리 릴리스 캡처란 반(半)셔터 상태에서 대기하다가 새의 움직임을 보는 순간 셔터를 누르면 새가 움직이기 전부터의 동작을 포착해 저장하는 기술이다. 새 사진 촬영에서는 상당히 유용한 기능이다.
1) 첫째 이소(2024.8.4. 오후 1:12, 경기 연천)
2) 이소 징후((2024.8.6. 오전 6:58. 경기 연천)
3) 둘째 이소(2024.8.6. 오전 7:05, 경기 연천)
4) 셋째 이소(2024.8.6. 오전 7:59, 경기 연천)

이소 직후의 새끼 새

1) 막 둥지를 벗어난 첫 번째 새끼가 둥지 앞쪽을 한 바퀴 돌고는 둥지 옆 소나무 가지에 앉아 휴식을 취하고 있다.(2024. 8. 4. 오후 1:14, 경기 연천)

2) 세 번째 새끼가 이소한 직후 둥지 위쪽 땅바닥에 앉아 휴식을 취하고 있다.(2024. 8. 6. 오전 8:28, 경기 연천)

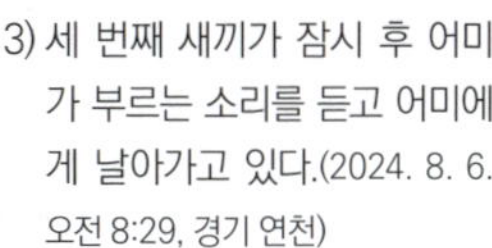

3) 세 번째 새끼가 잠시 후 어미가 부르는 소리를 듣고 어미에게 날아가고 있다.(2024. 8. 6. 오전 8:29, 경기 연천)

들고양이의 습격(2025. 7. 9. 오후 7:37, 경기 연천, 촬영: 조철행) 야생의 새는 포란부터 이소까지 늘 천적의 공격에 대한 위협을 지니고 산다. 육추 막바지에 이른 청호반새의 한 가족은 들고양이의 습격으로 다 큰 새끼 한 마리를 잃었다. 그러나 불행 중 다행으로 나머지 새끼들은 건강하게 이소를 마쳤다.

이소 후의 청호반새 가족(2025. 7. 20. 오후 3:26, 경남 거창, 촬영: 류영호) 이소 후에도 새끼들은 독립하기 전까지 둥지 주변 일정 장소에 모여 한동안 어미 새가 잡아다 주는 먹이를 먹으며 몸집을 키운다.

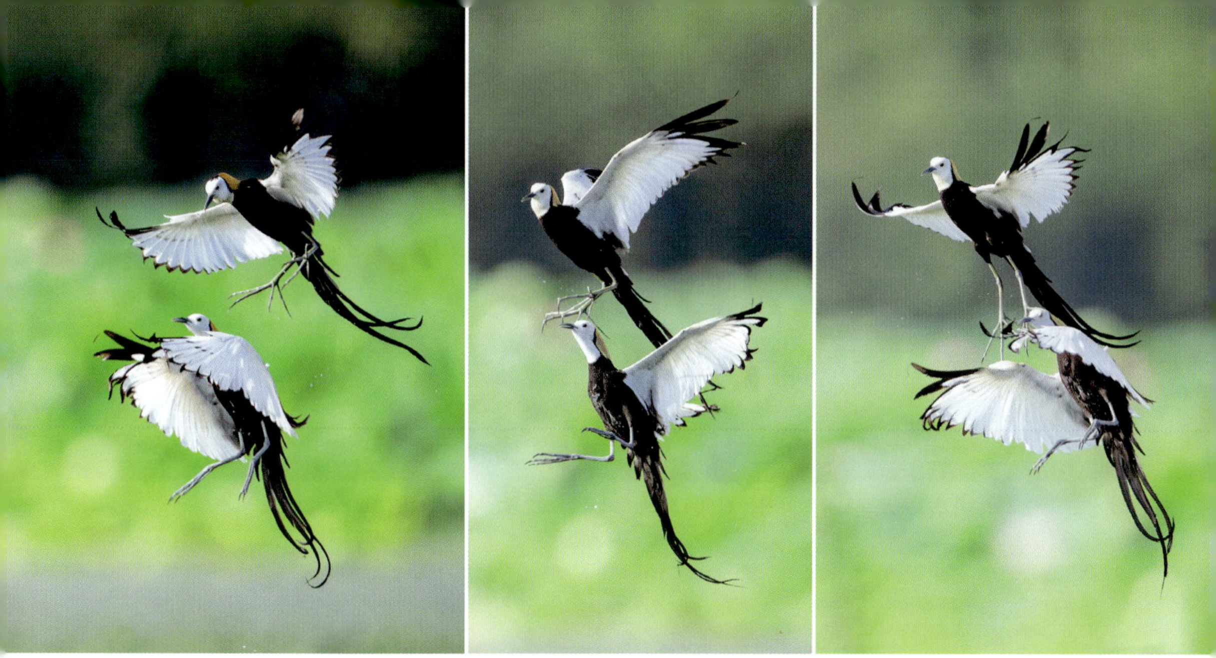

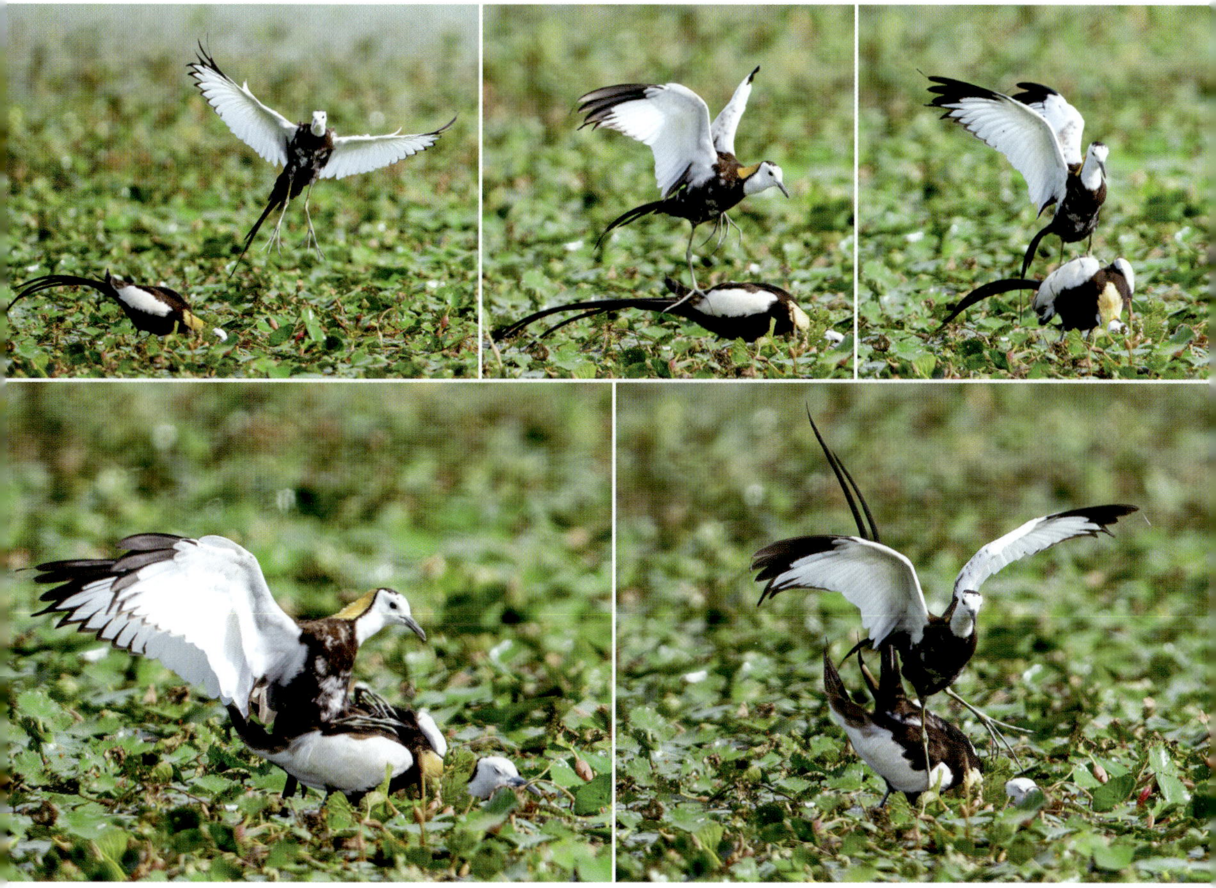

짝짓기(2024. 6. 21. 오후 4:06~07, 경남 창원 동판저수지) 이 커플의 짝짓기는 무려 2분여 동안 진행되었다.

짝짓기 후 차례로 목욕을 하며 몸을 식히는 물꿩(2024. 6. 21. 오후 4:14~23, 경남 창원 동판저수지)

물꿩의 쉼터 역할을 하는 연잎
1) 2024. 6. 21. 오전 11:12~16, 경남 창원 동판저수지

알을 품고 있는 수컷(2024. 7. 3. 오전 6:58, 경남 창원 동판저수지)

1)	2)
3)	4)

수컷의 보호 속에 여유로운 시간을 보내는 새끼들
1) 2024. 7. 24. 오후 5:02, 경남 창원 동판저수지
2) 2024. 7. 25. 오전 7:38, 경남 창원 동판저수지
3) 2024. 7. 26. 오전 7:12, 경남 창원 동판저수지
4) 2024. 7. 26. 오전 7:13, 경남 창원 동판저수지

주변을 경계하며 새끼들을 보호하는 암컷(2024. 7. 25. 오후 6:04, 경남 창원 동판저수지)

▲ **중부지방에서 관찰되는 물꿩 가족**(2025. 9. 2. 오전 6:32, 충남 서산) 어떤 이유에서인지 긴 꽁지깃이 빠진 수컷 한 마리가 정성껏 어린 새를 돌보고 있다.

▼ **꿩, 그 이름의 오해와 진실** 우리나라에서 '꿩'이라 불리는 새들은 꿩, 들꿩, 물꿩, 개꿩, 바다꿩 등 모두 다섯 종류다. 그렇다면 이들의 생태학적 공통점은 과연 무엇일까. 우선 같은 꿩과인 들꿩(수컷)은 꿩(수컷)처럼 몸 색이 화려하고, 사는 환경도 비슷한데다 위협을 느끼면 꿩처럼 멀리 도망가지 않고 가까운 나무 위로 올라가는 습성이 있다. 물꿩(암컷, 수컷)과 바다꿩(수컷)도 몸 색이 화려하고 꽁지깃도 길다. 그런데 개꿩은 아무리 살펴봐도 '꿩'과 비슷한 그 어떤 특징도 발견하기 어렵다. 그래서인지 북한에서는 개꿩을 '검은배도요'라고 부른다.

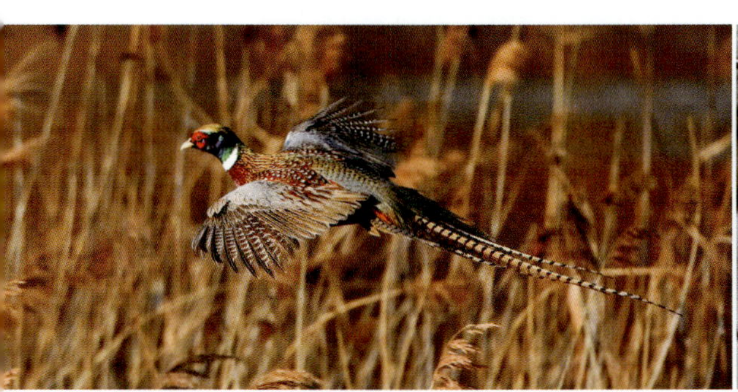

꿩(수컷, 꿩과) 2024. 1. 1. 오후 4:04, 강원 강릉 남대천

들꿩(수컷, 꿩과) 2024. 3. 30. 오후 2:49, 경기 의왕 청계산

물꿩(수컷, 암컷, 물꿩과)
2024. 6. 21. 오후 4:17, 경남 창원 동판저수지

개꿩(물떼새과)
2025. 10. 8. 오후 3:23, 충남 서천 유부도

바다꿩(암컷, 오리과)
2025. 11. 11. 오후 3:35,
강원 강릉 경포호

새들의 혼인

새들의 번식 전략은 종이나 환경에 따라 다양하게 나타나는데 가장 일반적인 것은 일부일처제이고 극히 일부가 일부다처제나 일처다부제를 선택하고 있다. 우리나라에서 번식하는 새 중에 일처다부제를 선택한 새는 물꿩, 호사도요, 지느러미발도요류 등으로 알려졌다. 일처다부제의 새들은 암컷이 수컷보다 더 크고 아름다우며 암컷이 수컷에게 구애행동을 하고, 새끼가 태어나면 새끼 새의 양육은 전적으로 수컷이 담당한다. 일부다처제의 대표적인 새는 꿩이다.

새끼들을 돌보는 수컷 호사도요(2025. 6. 1. 오전 7:17, 울산)

새호리기 공포의 대상

탐조 안내

새호리기는 매과의 맹금류 중 하나다. '새홀리기'라고도 한다. 흔하지 않은 여름철새로 멸종위기 야생동물 II급 조류이다. 날개는 가늘고 길며 끝이 뾰족한 것이 특징인데 이는 빨리 나는 새를 쫓아가 잡을 때 손쉽게 방향 전환을 하기 위해 진화한 결과다. 새호리기는 주로 곤충류와 소형 조류를 잡아먹는데, 시속 200킬로미터로 나는 제비를 잡는 새는 새호리기가 유일하다. 그러니 제비보다 대부분 느리게 나는 새들에게는 그야말로 공포의 대상이다.

새호리기는 직접 둥지를 짓지 않고 주로 묵은 까치집 등을 이용한다. 그러다 보니 새호리기 둥지는 다른 새들에 비해 도시 주변이나 도심에서 관찰되는 경우가 흔하다. 탐조 조건으로 이보다 더 좋은 새도 없다.

그뿐이 아니다. 많은 새는 새끼들이 둥지를 떠나면 육추가 종료되고 탐조 활동도 더불어 끝난다. 그런데 새호리기는 여느 맹금류처럼 이소 후에도 둥지 근처에 한동안 머물며 제2차 육추를 이어간다. 탐조인 입장에서는 그만큼 오랜 시간 새호리기를 만날 수 있다는 뜻이다. 어떤 면에서는 제1차 육추보다 훨씬 활동적이고 다양한 새호리기의 육추 장면을 담을 수 있는 기회이기도 하다.

▲ **도심 아파트에 둥지를 튼 새호리기 가족**(2024. 8. 6. 오후 3:13, 서울) 도심 대규모 아파트 단지, 조경수로 심은 소나무 꼭대기에 새호리기 가족이 둥지를 틀어 네 마리의 새끼가 무럭무럭 자라고 있다. 이렇게 '친(親)인간적' 둥지를 만나기도 쉽지 않다.

◀ **암컷에게 먹이를 가져다주는 수컷**(2024. 7. 30. 오후 2:05, 경기 김포) 새호리기 수컷은 새끼를 지키고 있는 암컷에게도 수시로 먹이를 물어다 준다. 먹이를 받은 암컷은 잠시 둥지를 벗어나 먹이를 먹고 몸도 풀고 하면서 휴식을 취한 뒤 다시 둥지로 돌아온다. 이 새호리기 가족은 도시 대로변 철탑 꼭대기에 둥지를 틀었다.

▲ **매미를 잡아 새끼에게로 날아가는 어미 새**(2023. 8. 7. 오전 9:00, 경기 안양) 육추 막바지에 이른 새호리기 어미 새가 둥지 근처 높은 나뭇가지에 앉아 매미를 잘 다듬어 새끼들의 둥지가 있는 쪽으로 쏜살같이 날아간다. 이 시기의 주 먹이는 매미들이다. 매미 입장에서는 전성기이자 수난기인 셈이다.

▲ **잠자리를 잡아 새끼에게로 날아가는 어미 새**(2024. 8. 18. 오후 3:24, 충남 보령) 순식간에 잠자리 한 마리를 낚아챈 어미 새가 둥지에 혼자 남은 막내에게로 총알같이 날아들어간다.

새호리기의 복합공간, 홰 새호리기 육추가 이루어지는 둥지 근처의 높은 나뭇가지 홰는 어미 새가 주변을 경계하고 쉬고 똥 싸고 펠릿을 뱉어내고 새끼에게 먹일 먹이를 손질하는 복합공간이다.

1) 휴식(2024. 8. 16. 오전 9:03, 경기 부천)

2) 붉은머리오목눈이 손질(2023. 8. 9. 오전 8:55, 경기 안양)

3) 펠릿 토하기(2023. 8. 8. 오전 8:11, 경기 안양): 펠릿은 육식성 조류가 토해내는 소화되지 않은 덩어리이다. 주로 깃털, 뼈, 부리 등이 뭉쳐진 것으로 먹이를 먹은 후 약 8시간 후부터 약 10시간에 걸쳐 모래주머니(근위筋胃)에서 만들어지며, 뭉쳐진 펠릿은 식도를 통해 뱉어낸다. 펠릿을 토해낼 때 식도가 깨끗하게 청소되는 부가적 기능도 있다.

▲ **둥지를 벗어나기 시작한 새끼**(2024. 8. 11. 오전 7:10, 서울) 덩치가 커진 새끼는 둥지를 벗어나 가깝고 높은 나뭇가지로 올라선다. 먹이를 잡아오는 어미를 둥지의 새끼들보다 한발 앞서 기다리는 것이다. 급할 때는 공중으로 날아올라 먹이를 받아오기도 한다.

▲ **곤줄박이를 놓고 경쟁을 벌이는 새끼들**(2024. 8. 15. 오전 9:55, 경기 부천) 어미가 곤줄박이 한 마리를 잡아왔다. 두 형제 중 왼쪽(사진 오른쪽) 녀석에게 먼저 먹이를 건네지만 녀석은 별로 탐탁해하지 않는 눈치다. 그러는 사이 오른쪽(사진 왼쪽) 녀석이 자기한테 달라고 아우성을 친다. 그러자 어미는 마음이 변해서 왼쪽 녀석 입에 반쯤 물려 있던 곤줄박이를 빼앗아 오른쪽 녀석에게 건네주었다. 그러자 왼쪽 녀석은 제 것을 빼앗겼다고 생각하는지 소리를 빽빽 지르며 난리를 치지만, 때는 이미 늦었다. 줄 때 먹어야 했다.

어미 새의 본능적 눈감기(2024. 8. 15. 오전 7:44, 경기 부천) 새끼에게 먹이를 건네는 순간, 새끼의 날카로운 부리가 눈 깜짝할 사이에 어미의 눈을 찌를 수 있다. 어미는 본능적으로 눈을 질끈 감아 자신을 보호한다.

먹잇감을 이용해 사냥 훈련을 시키는 어미 새 어미 새가 먹잇감을 물어오면 둥지나 주변 나뭇가지에 앉아 있던 새끼들이 쏜살같이 달려온다. 그러나 어미 새는 순순히 먹이를 내주지 않는다. 이른바 공중 급식을 통해 새끼들에게 고도의 사냥 훈련을 실시한다. 새끼들은 처음에는 입을 벌려 먹이를 받으려고 하지만 어미가 원하는 것은 입이 아니라 발이다. 분위기를 알아차린 새끼는 얼른 다시 발을 내밀어 먹잇감을 낚아채 유유히 사라진다.

1) 2024. 8. 17. 오전 10:29, 충남 보령

2) 2024. 9. 6. 오전 9:28, 경기 김포

3) 2024. 8. 18. 오전 9:21, 충남 보령: 어떤 때는 새끼 두 마리가 동시에 경쟁을 벌이기도 한다.

1)-A	1)-B	
2)-A	2)-B	2)-C
3)		

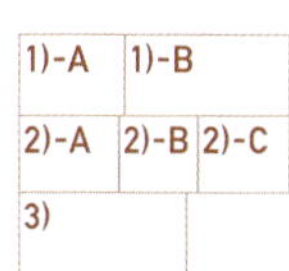

더위를 피한 그늘에서의 먹이 전달(2024. 8. 19. 오후 12:08, 충남 보령) 아무리 여름새라고는 하지만 섭씨 40도에 가까운 폭염에서는 새호리기도 그늘을 쉼터로 삼는다. 먹이 전달도 이곳에서 이루어진다.

어린 새들의 사냥놀이 제법 나는 데 자신을 얻은 어린 새들이 공중에서 자기들끼리 사냥놀이를 즐긴다.
1) 2024. 8. 18. 오전 9:21, 충남 보령
2) 2024. 8. 18. 오후 4:21, 충남 보령

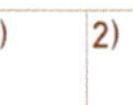

벌매
벌 사냥꾼

탐조 안내

벌매는 시베리아, 중국 동북부, 몽골 동남부 등지에서 번식하고 중국 남부와 동남아시아에서 월동하는 새다. 우리나라에서는 주로 나그네새로 알려졌는데 최근에는 국내에서 번식하는 개체가 관찰되고 있어 탐조인들의 가슴을 설레게 하고 있다. 그러나 벌매는 울창한 삼림이나 숲 가장자리에 서식하면서 키가 큰 나무의 꼭대기에 둥지를 트는 데다가 경계심이 강해 탐조와 촬영이 가장 어려운 새 중 하나로 알려져 있다. 국내에서는 2009년 8월 강원도 홍천에서 처음 번식 개체가 관찰되었고, 이후 강원 산악지대에서 극소수의 번식 사례가 보고되고 있다.

벌매는 맹금류답지 않게 무척 순하게 생겼는데 얼핏 보면 비둘기와 비슷하다. 몸통에 비해 머리가 작고 목이 길어 날 때는 상대적으로 다른 수리류보다 몸이 길어 보인다. 여느 맹금류와는 달리 암수 간 특징이 뚜렷해서 구별에 어려움이 없다. 야외에서는 눈을 보면 암수를 쉽게 판단할 수 있다. 수컷은 홍채가 검은색이고 암컷은 노란색이다.

벌매는 주로 말벌이나 땅벌 등의 집을 털어 애벌레 등을 즐겨 잡아먹지만 그 밖에도 곤충이나 작은 뱀, 개구리 등 먹잇감의 종류가 다양하다. 이러한 먹이 활동 특성에 맞춰 벌매의 신체는 벌 사냥에 유리하도록 진화했다. 즉, 낚싯바늘처럼 날카롭게 구부러진 부리는 벌집 속 애벌레를 파먹는 데 유리하고, 예리한 발톱은 땅을 파헤치는 데 효율적이다. 또한 벌매의 얼굴과 다리는 갑옷처럼 촘촘하고 단단한 비늘 모양의 깃털로 덮여 있어 수백 마리의 벌들이 한꺼번에 공격해도 끄떡없다. 벌매는 개구리나 도마뱀 등을 나뭇가지에 걸어놓고 벌들을 유인한 다음 이들을 추적해 벌집을 찾아낼 정도로 지능도 뛰어나다.

육추는 암컷과 수컷이 함께 담당하지만 역할은 조금 다르다. 자료에는 먹이를 잡아오는 것은 주로 수컷이고 암컷은 집 단장을 하거나 새끼들에게 먹이를 먹이는 역할을 한다고 되어 있지만 실제로 육추 행태는 시기나 장소 등 상황에 따라 다양한 형태를 보인다.

갓 독립한 벌매 새끼는 생김새가 뿔매와 비슷한데 이는 강인한 맹금류처럼 보임으로써 다른 새들의 공격을 피하기 위함인 것으로 알려졌다. 이러한 행동은 일종의 의태(擬態)에 해당된다.

탐조하기

봄철 나그네새로 관찰되는 벌매 암컷
1) 2025. 5. 7. 오후 3:56, 부산 태종대
2) 2025. 5. 8. 오전 10:32, 부산 태종대

육추 중인 수컷과 암컷

1) 수컷(2025. 8. 2. 오전 8:48, 충북 충주)
2) 암컷(2021. 7. 5. 오전 9:23, 촬영: 들뫼생태연구회 권관중)
3) 수컷(왼쪽)과 암컷(2021. 6. 29. 오후 1:11, 촬영: 들뫼생태연구회 권관중)

벌집 먹이기 벌매의 먹잇감은 대부분 벌집이다. 대개 어미가 벌집 속의 알이나 애벌레를 빼내 새끼에게 먹이지만 새끼가 직접 빼먹기도 한다. 빼먹을 게 없으면 간혹 벌집을 뜯어먹기도 한다.

1) 벌집 물어오기
   A. 2025. 8. 2. 오전 9:43, 충북 충주
   B. 2025. 8. 2. 오후 4:01, 충북 충주

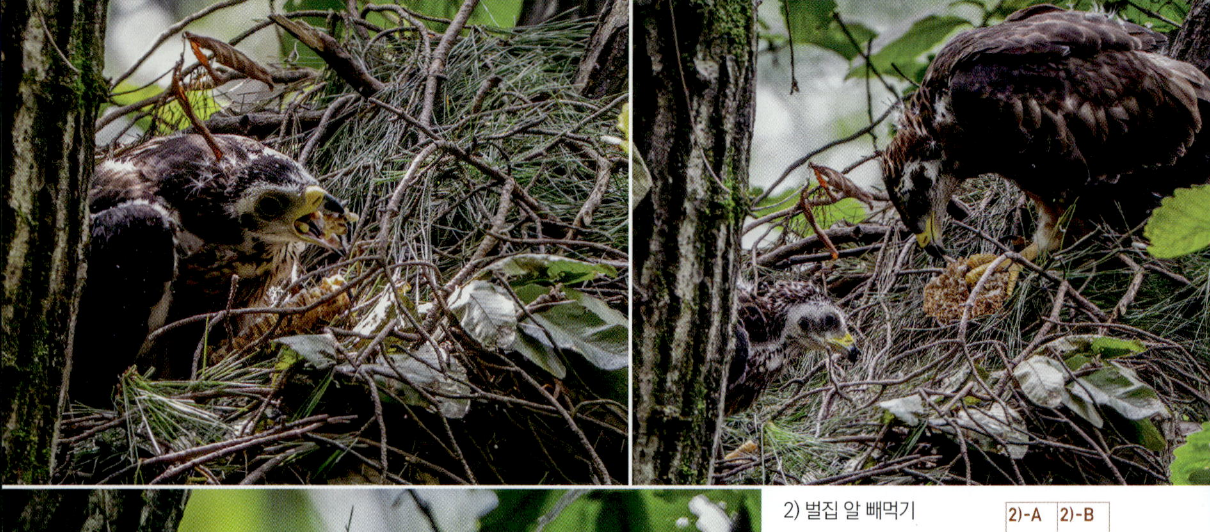

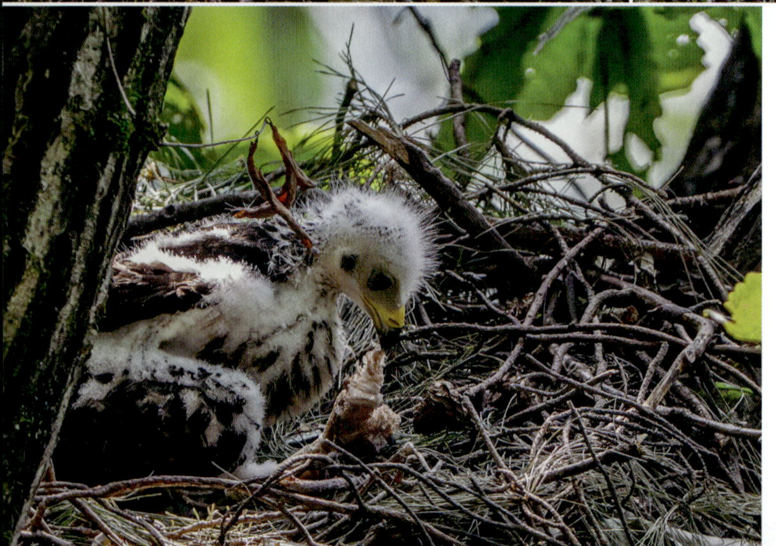

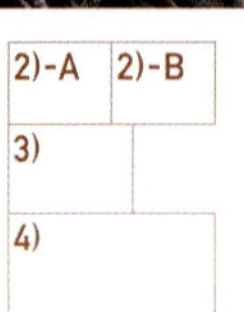

2) 벌집 알 빼먹기
A. 2025. 8. 7. 오후 3:58, 충북 충주
B. 2025. 8. 7. 오후 4:03, 충북 충주
3) 벌집 뜯어먹기(2025. 8. 2. 오후 4:08, 충북 충주)
4) 벌집 내다 버리기(2025. 8. 2. 오후 2:17, 충북 충주): 어미는 먹고 남은 벌집 찌꺼기를 물어다 버리는 것을 잊지 않는다.

2)-A	2)-B
3)	
4)	

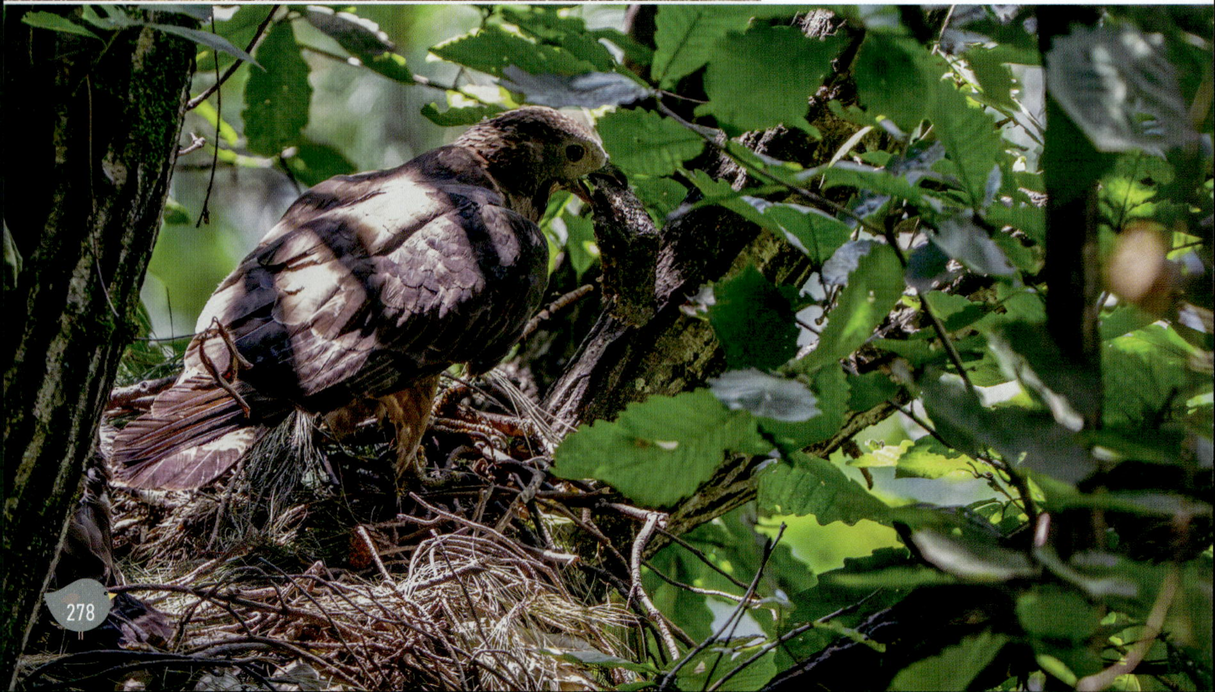

개구리 먹이기 새끼가 어릴 때는 어미 새가 개구리를 잘게 뜯어 먹이지만 어느 정도 성장하면 웬만한 개구리는 통째로 삼켜버린다.
1) 개구리 물어오기(2025. 8. 2. 오전 8:48, 충북 충주)
2) 개구리 뜯어 먹이기(2025. 8. 2. 오전 8:48, 충북 충주)

3) 개구리 통째로 삼키기(2035. 8. 7. 오후 5:09~12, 충북 충주): 새끼가 어느 정도 자라자 개구리를 통째로 삼키려고 시도한다. 그러나 막내가 개구리를 목구멍으로 넘기기까지는 무려 12분이 걸렸다. 모든 먹잇감은 대가리부터 삼켜야 한다는 사실을 깨닫는 데 들인 시간이다. 이 모습을 옆에서 덤덤히 바라보는 맏이는 뱀 반 마리를 단번에 집어삼키는 능숙함을 보여주었다.

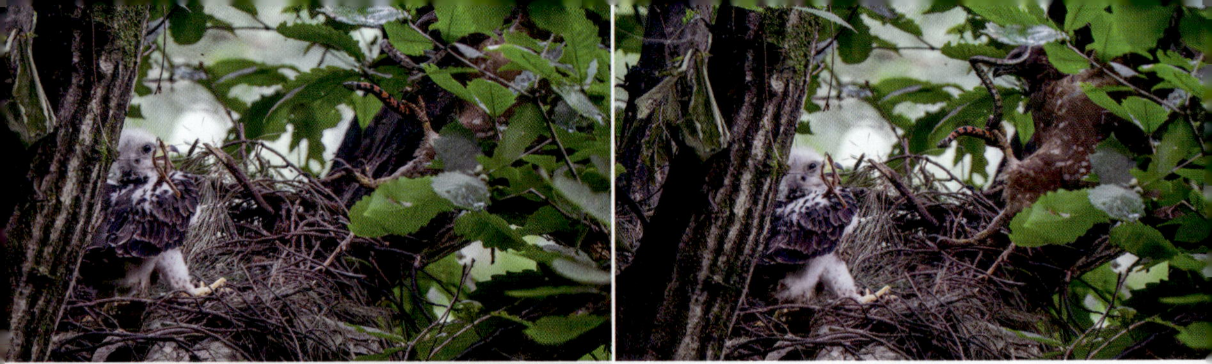

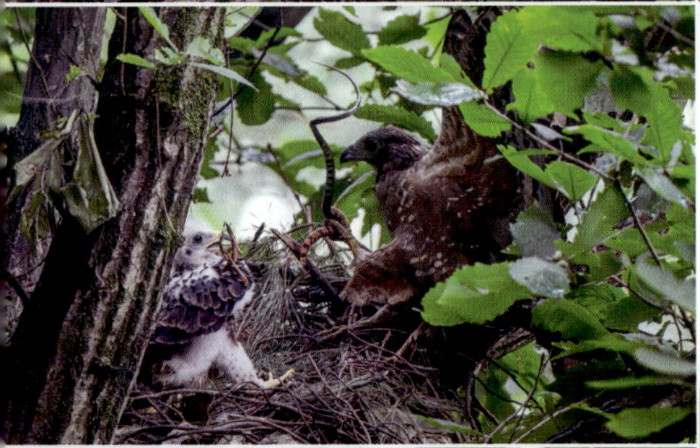

뱀 먹이기 벌매가 벌집이나 개구리를 먹잇감으로 삼는 것은 흔한 일이지만, 뱀을 잡아다 새끼에게 먹이는 것은 무척 드물다. 새끼들이 어릴 때는 뱀도 개구리처럼 작게 뜯어 먹이지만 어느 정도 큰 새끼는 큰 토막의 뱀을 통째로 삼키기도 한다.

1) 뱀 물어오기(2025. 8. 2. 오전 9:22, 충북 충주)

1)-A	1)-B
1)-C	

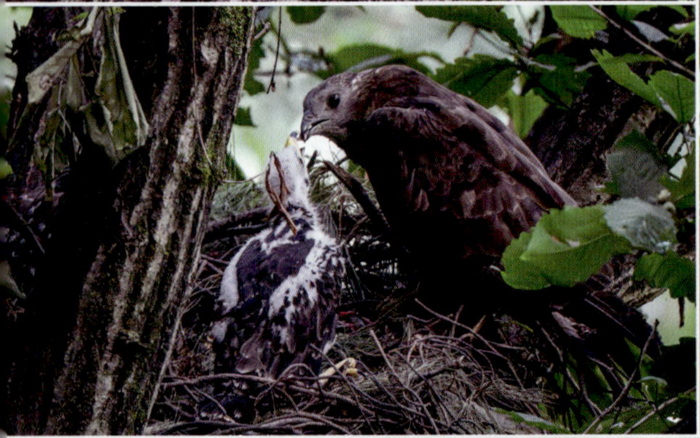

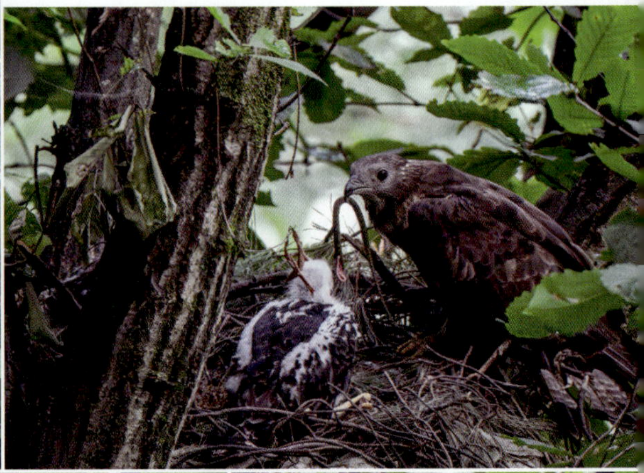

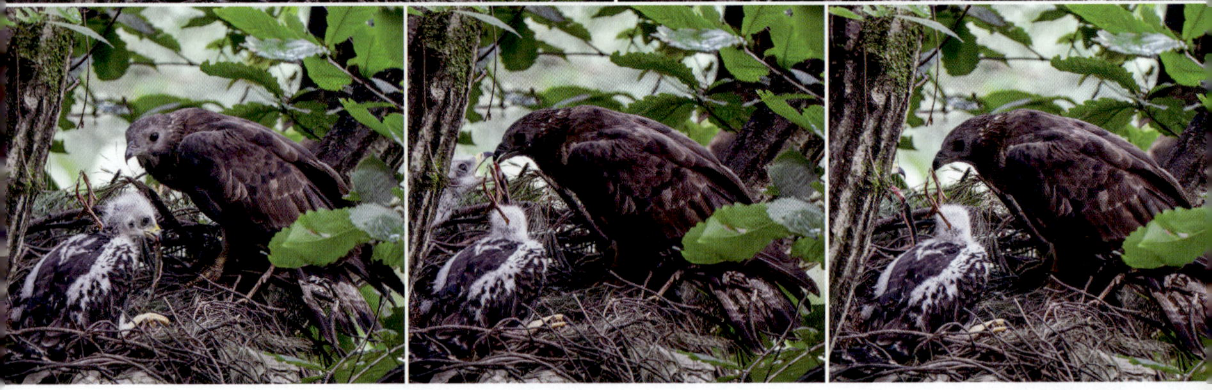

2) 뱀 뜯어 먹이기(2025. 8. 2. 오전 9:24, 충북 충주)

3) 뱀 통째로 삼키기(2025. 8. 2. 오전 9:26~27, 충북 충주): 어미가 반쯤 뜯어 먹인 뱀을 막내가 한입에 삼키려고 시도는 해보지만 제대로 되지 않자 어미는 이를 옆에 있던 맏이에게 건네고, 맏이는 망설임 없이 뱀 반 마리를 단번에 목구멍으로 넘기는 능숙함을 보였다.

2)		3)-A
3)-B	3)-C	3)-D

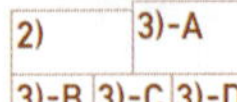

해바라기씨 빼 먹기(2023. 8. 13. 오전 10:01, 경기 수원)

새끼에게 씨앗을 먹여 주는 어미 새(2023. 8. 15. 오후 6:01, 경기 수원)

방울새끼리의 먹이다툼

(2023. 8. 11. 오후 3:33, 경기 수원) 드넓은 해바라기밭에서도 씨앗이 잘 영근 해바라기에 방울새가 우르르 모여든다. 당연히 서로 먹이를 놓고 다툼이 일어나지만 큰 싸움으로 번지지는 않고 같이 나눠 먹거나 한쪽이 다른 해바라기씨를 찾아 자리를 떠나는 것으로 마무리된다.

참새와의 먹이다툼(2023. 8. 11. 오후 3:08, 경기 수원) 방울새와 참새가 경쟁할 때는 방울새끼리의 경쟁과는 조금 달리 분위기가 험악해지기도 한다.

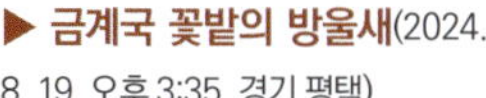

▲ **수수밭을 찾은 방울새**(2024.
8. 19. 오후 3:19, 경기 평택)

▶ **금계국 꽃밭의 방울새**(2024.
8. 19. 오후 3:35, 경기 평택)

겨울에 만난 방울새(2024. 1. 2. 오후 1:34, 강원 강릉)

노래하는 새 : 명금류

조류 중에서 명금류를 따로 분류하는 것은 모든 새가 노래하지 않는다는 의미다. 새들은 '울음'소리를 내기는 하지만, 그 울음은 매우 단순한 소리로 우리 귀에 '노래하는' 것으로 들리지 않는다. 우리가 노래한다고 표현하는 것은 그 새소리의 멜로디가 다양해서 '음악적'이기 때문이다.

명금류의 특징 중 하나는 공간 기억 능력이 뛰어나다는 점이다. 보통 명금류 수컷은 다른 이웃 수컷의 울음소리를 기억하고 있다가 나중에 그 수컷에 대해 비교적 덜 공격적이 된다. 그러나 이웃 수컷의 울음을 녹음해 다른 장소에서 틀어주는 실험에서는 전혀 다른 침입자로 간주하고 공격적인 반응을 보였다.

그리고 오직 명금류에만 나타나는 특징 중 하나는 다양한 레퍼토리를 구사한다는 것이다. 특정 종마다 고유의 울음소리가 있지만 각 개체들은 이를 응용해서 변형된 울음소리를 구사한다. 유럽찌르레기의 경우 70여 가지, 나이팅게일은 수백 가지, 북아메리카의 한 꾀꼬리류는 무려 2천여 가지의 레퍼토리를 구사한다고 한다. 실험 결과, 이렇듯 다양한 레퍼토리를 구사하는 이유는 레퍼토리가 좀 더 풍부하고 다양한 수컷에게 암컷이 더 매력을 느끼기 때문인 것으로 밝혀졌다. 영국에서 조사한 바로는 다양한 노래를 부르는 사초개개비 수컷은 그렇지 않은 수컷보다 일찍 짝짓기에 성공하고, 카나리아 암컷은 수컷의 다양한 레퍼토리가 들리면 더 흥분해서 둥지도 잘 튼다고 한다.

동물학적으로 의사소통을 하는 감각 수단 면에서 보면 명금류는 우리 인간과 매우 비슷하다. 명금류는 사람처럼 옹알이를 통해 그들만의 언어를 배운다. 그런데 흥미로운 사실은 명금류의 울음소리가 지역에 따라 미묘한 차이를 보인다는 점이다. 사람으로 말하자면 지방 사투리가 있다는 것이다. 즉, 귀를 기울여 들어보면 이 새가 어느 지방 출신인지를 간파할 수 있다는 뜻이다. 명금류가 사투리를 구사한다는 것은 새들의 언어가 모방을 통해 습득한다는 뜻이기도 하다. 모방은 그 과정에서 약간 변질되는 특성이 있으며, 이 변질에는 다양한 환경 조건이 영향을 미친다. 결국 이러한 변질된 모방이 시간이 흐르면서 지역에 따라 다양한 형태로 진화하게 되는 것이다.

지구상의 조류는 1만여 종으로, 이 중 명금류는 5천여 종을 차지한다. 이는 명금류가 진화생물학적으로 대성공을 거두었음을 의미한다. 이러한 진화적 성공에는 '언어를 통한 의사소통'이 크게 작용했을 것으로 본다. 이는 많은 학자가 인간의 진화론적 성공이 언어의 발명과 깊은 관련이 있다고 주장하는 것과 맥락을 같이한다.

뜸부기
물속에 사는 수탉

탐조 안내

뜸부기는 과거에 우리 주변에서 흔히 볼 수 있던 여름철새였지만 지금은 좀처럼 관찰하기 어려운 귀한 새가 되었다. 천연기념물로 지정해 보호해야 할 정도로 개체수가 워낙 적고 게다가 부끄럼을 많이 타는 녀석이라 쉽게 눈에 띄지도 않는다. 한낮에는 보통 수풀 속에서 휴식을 취하고 아침저녁으로 논두렁이나 풀밭으로 나와 먹이 활동을 한다.

수컷과 암컷은 모습이 비슷하지만 수컷은 번식기가 되면 이마에서 정수리 부분까지 붉은색의 이마판이 두드러져 암컷과 쉽게 구별된다. 그 모습에서 마치 수탉의 볏이 연상된다. 그래서인지 뜸부기의 영어명은 '물속에 사는 수탉(Watercock)'이다. 수컷의 이 붉은색 볏은 번식기에 더욱 두드러진다.

뜸부기 수컷은 번식기가 되면 "뜸~뜸~" 하면서 특유의 울음소리를 낸다. 흥미로운 점은 꼭 머리를 아래로 떨구고 울음소리를 낸다는 것이다. 얼핏 보면 헛구역질을 하는 것 같은데 왜 이런 행동을 하는지 그 이유가 무척 궁금하다. 어쨌든 눈에 잘 띄지 않는 뜸부기이지만 번식기에는 귀만 잘 기울이면 뜸부기를 찾아내기가 훨씬 수월하다. 뜸부기는 눈이 아닌 귀로 탐조하는 대표적인 새다.

논두렁 산책(2024. 6. 28.
오전 6:49~55, 경기 파주)

이웃사촌 꿩과의 마주침(2024. 6. 28. 오전 6:28, 경기 파주) 새벽이슬을 맞으며 간신히 발견한 뜸부기를 앵글에 담는 순간 한쪽에서 꿩 한 마리가 슬금슬금 다가온다. 둘은 같은 공간에 사는 이웃사촌이지만 서로 눈인사도 건네지 않고 스쳐 지나간다. 아주 어색한 순간이지만 탐조인 입장에서는 이런 행운도 없다.

논두렁 달리기(2024. 6. 28. 오전 6:32~36, 경기 파주) 느긋하게 산책을 즐기던 뜸부기는 잠시 논두렁을 내달리면서 몸을 풀기도 한다.

먹이 활동 장소를 옮기는 뜸부기(2024. 6. 28. 오전 7:00, 경기 파주)

논두렁 휴식(2024. 6. 28. 오전 7:57~8:03, 경기 파주) 뜸부기는 이런 상태로 잠시 휴식을 취하면서 가끔 "뜸~뜸~" 하는 울음소리를 낸다.

흰눈썹황금새 경기도 깃대종

 **탐조 안내**

솔딱새과의 흰눈썹황금새는 우리나라를 찾는 대표적인 여름철새로 알려져 있다. 그러나 최근에는 기후변화 때문인지 봄철에 일찌감치 새끼를 낳아 여름이 되기 전에 새끼가 이소하는 사례도 적지 않다.

새 이름은 수컷의 깃털이 황금새처럼 노란색이 두드러지고 눈썹이 흰색이라고 해서 붙였다. 영어명 'Tricolor Flycatcher'에서는 흰색, 노란색, 검은색 등 세 가지 색이 어우러진 새라는 의미가 강조된다. 우리말로 하자면 '삼색조'쯤 된다. 색은 단순하지만 노란색과 검은색의 대비가 무척 강렬해서 상당히 화려하게 느껴진다. 보통 탐조인들이 좋아하는 3대 미조로 긴꼬리딱새, 팔색조, 큰유리새 등을 꼽지만 이들 중 어느 하나를 빼고 흰눈썹황금새를 넣어도 전혀 어색하지 않을 정도로 예쁘다.

경기도는 2024년 10월 경기도 내 31개 시군지역 생태계를 대표하는 야생동물 31종을 경기도 깃대종으로 선정해서 발표했고, 이 가운데 조류는 13종이고 여기에 흰눈썹황금새가 포함되었다. 깃대종이란 생태적·지리적·사회문화적 특성을 반영해 그 지역을 대표하고 보호할 가치가 있는 상징적인 생물종을 말한다.

흰눈썹황금새는 자연숲이나 도시공원의 지상 약 1미터 높이의 작은 나무에 둥지를 짓는 특성이 있어 거의 사람의 눈높이에서 편안하게 관찰하고 사진을 찍을 수 있다. 남의 둥지를 재활용하거나 인공새집을 가장 적극적으로 활용하는 새 중 하나이기도 하다.

 **탐조하기**

수컷의 정체성(2024. 4. 24. 오후 12:02, 충북 충주) 흰눈썹황금새라는 이름에 가장 잘 어울리는 모습이다.

둥지를 드나드는 수컷의 행동 유형 주변 환경에 따라 어미 새들이 둥지를 드나드는 방법은 다양하다. 이 둥지의 경우 수컷은 대부분 둥지 왼쪽에서 들어와 새끼들에게 먹이를 주고, 오른쪽으로 빠져나가거나 간혹 오른쪽에서 왼쪽으로 진행하는 행동을 보였다. 이에 대해 암컷은 특정한 행동을 보이지 않았다.

1) 2024. 7. 3. 오후 1:34, 대전

2) 2024. 7. 3. 오전 10:29, 대전

둥지 안에서 먹이를 받아먹는 새끼 육추 과정을 관찰하고 사진으로 담으려면 둥지를 기준으로 정면과 측면 중 하나를 선택하게 된다. 둥지 안의 새끼들을 명확하게 관찰하고 싶으면 정면, 어미 새가 드나드는 모습을 담고 싶으면 측면이 유리하다.

1) 2024. 7. 3. 오후 3:23, 대전

2) 2024. 7. 3. 오전 10:41, 대전: 새끼에게 사마귀를 먹여 주려다 떨어뜨리는 암컷. 사마귀는 어린 새끼가 받아먹기에 적절한 먹잇감이 아니었던 것 같다.

1)	2)

▲ **둥지 근처에서 휴식을 취하는 수컷**(2024. 7. 3. 오전 11:02, 대전) 흰눈썹황금새는 둥지 가까운 곳의 홰를 적극적으로 활용하는 새 중 하나다.

▶ **먹이 사냥을 나가는 수컷**(2024. 7. 3. 오전 11:18, 대전)

이소 징후(2025. 5. 27. 오전 11:22, 경기 안양) 육추의 하이라이트인 이소 순간을 포착하고 촬영하는 것은 언제나 어렵다. 그러나 흰눈썹황금새처럼 이소 전 몇 가지 징후를 보이는 새들의 경우 조금만 관심을 기울여 관찰하고 미러리스 카메라의 '프리릴리스 캡처' 기능을 활용한다면 전혀 불가능한 것은 아니다.

가장 먼저 나타나는 이소 징후는 새끼가 머리를 둥지 밖으로 내밀거나 발을 둥지 턱에 올려놓는 행동이다. 이는 이소를 유도하려는 어미 새가 먹이 주기를 잠시 중단하는 데서 비롯된다.

둥지 밖으로 머리를 내밀어 먹이 받아먹기(2025. 5. 27. 오후 12:02, 경기 안양)

이소의 순간(2025. 5. 27. 오후 12:13, 경기 안양) 이소 징후를 보인 지 2시간 30여 분 만에 첫 번째 새끼가 이소에 성공했다.

둘째 새끼 이소에 바빠지는 어미 새(2025. 5. 27. 오후 3:01, 경기 안양) 새끼의 이소가 가까워지면 어미 새들이 먹이를 물어다 주는 횟수가 급격히 잦아진다. 새끼들이 어릴 때는 수컷과 암컷이 교대로 상당한 시차를 두고 먹이를 주지만 새끼가 커지면 암수가 거의 동시적으로 먹이를 물어오는 상황이 종종 벌어진다. 이런 상황에서는 먹이를 먹여 주는 어미 새 뒤쪽에서 또 다른 어미 새가 호버링을 하면서 차례를 기다리는 진풍경도 벌어진다. 이 사진은 두 번째 새끼의 이소를 앞둔 상황에서 관찰한 행동이다.

소쩍새
가장 작은 올빼미

탐조 안내

소쩍새는 올빼미과에 속한다. 올빼미과 새의 공통된 특징은 얼굴이 편평하고 귀깃이 있으며 커다란 두 눈이 앞으로 쏠려 있다는 점이다. 이는 소리를 모아 귀에 잘 전달하고, 달아나는 먹이를 양쪽 눈으로 거리를 효율적으로 가늠하면서 추격하기 위해 진화한 결과다.

우리나라에는 올빼미과의 새가 11종 있는데 크게는 올빼미류, 부엉이류, 소쩍새류 등으로 구분한다. 넓게는 소쩍새를 부엉이류에 포함하기도 한다.

올빼미류와 부엉이류를 구분하는 기준 중 하나는 귀깃의 유무다. 즉, 귀깃이 있으면 부엉이, 없으면 올빼미다. 소쩍새는 귀깃이 있기 때문에 부엉이류로 보는 것이다. 그러나 항상 예외는 있는 법, 솔부엉이는 부엉이라는 이름이 붙었지만 귀깃이 없다.

소쩍새는 올빼미과의 새 중에서 가장 덩치가 작다. 그래서인지 주로 곤충류, 거미류 그리고 설치류를 먹고 산다. 소쩍새는 깃털 특징에 따라 회색형과 적색형으로 나뉜다. 탐조인들 사이에서는 회색형은 그냥 소쩍새, 적색형은 적색형 소쩍새라고 하는데 종 자체가 다른 것은 아니다. 소쩍새보다 조금 큰 것은 큰소쩍새라고 해서 따로 구분한다.

　소쩍새라는 이름은 수컷 소쩍새의 울음소리 "소쩍 소쩍"에서 비롯되었다. 암컷은 "괏 괏" 하고 운다는데 필자의 경우 그 소리를 들은 기억이 거의 없다. 소쩍새 울음소리는 지방에 따라 표현이 다양하여 평안남도 사람들은 "접동 접동"으로 표기한다. 그래서 소쩍새의 북한명은 '접동새'다.

 ## 탐조하기

마을 뒷산에서 만난 소쩍새(2024. 5. 11. 오후 2:22. 충북 청주) 짝짓기 철이 시작되면 소쩍새도 '버드콜'에 민감하게 반응한다.

소쩍새 어미 새와 새끼의 교감 새끼들이 어느 정도 자라면 어미 새는 주로 둥지 밖에 머물지만 한시도 둥지 속 새끼들에게서 눈을 떼지 않는다.

1)
   A. 2023. 8. 4. 오전 10:12. 경기 파주
   B. 2023. 8. 4. 오전 10:25. 경기 파주
2)
   A. 2025. 7. 26. 오전 9:09, 전북 남원
   B. 2025. 7. 26. 오전 11:49, 전북 남원

1)-A	1)-B
2)-A	2)-B

먹이 활동(2025. 7. 27. 오전 5:22, 전북 남원) 전형적인 야행성인 소쩍새는 대부분 일몰 후에 먹이 활동을 시작해 일출 전에 마치기 때문에 새끼들에게 먹이를 잡아다 주는 모습을 관찰하는 것은 결코 쉽지 않다. 필자의 경우 일출 한 시간 전부터 기다려 세 번의 먹이 활동을 목격했고, 그중 가장 마지막에 한 번의 촬영 기회를 얻을 수 있었다.
(촬영 조건: 1/160초, F2.8, ISO51200)

이소 소쩍새 새끼는 둥지 밖으로 나온 후에도 멀리 떠나지 않고 둥지 주변에 하루이틀 머물며 힘을 기른다. 이 짧은 시간은 탐조인들에게 이소한 새끼를 관찰하고 사진에 담을 수 있는 일종의 골든타임이다. 둥지 밖의 새끼는 낮 동안에는 한자리에서 거의 꼼짝하지 않고 시간을 보내다가 해가 지면 나무를 타고 오르거나 조금씩 날아 높은 나뭇가지 위로 자리를 옮긴다.

1)-A	1)-B
2)-A	2)-B

1) 하루 종일 한자리에 앉아 시간을 보내는 새끼(A. 2025. 7. 29. 오후 3:12, 전북 남원, B. 2025. 7. 29. 오후 6:56, 전북 남원)

2) 해가 넘어가면 조금씩 자리를 옮겨간다.(A. 2025. 7. 29. 오후 7:48, 전북 남원, B. 2025. 7. 29. 오후 7:50, 전북 남원)

버드콜(birdcall)

인위적으로 새소리를 들려줌으로써 새를 부르는 행위를 말한다. 플레이백(playback)이라고도 한다. 특히 몸을 잘 드러내지 않는 소쩍새의 경우 이 버드콜이 중요한 탐조 수단이 된다.

흥미로운 것은 소쩍새가 처음 한 번 정도는 버드콜에 속아주지만 그 이후에는 전혀 반응하지 않는다는 점이다. 말하자면 한 번 속지, 두 번은 속지 않는다는 뜻이다. 이런 면에서 버드콜의 지나친 사용이 새들에게 부정적인 영향을 줄 수도 있다는 주장이 나온다. 그 진위 여부를 떠나 버드콜은 최소한으로 사용해야 하는 것이 맞는 것 같다.

큰소쩍새 친인간적인 새

 **탐조 안내**

큰소쩍새는 올빼미과에 속하는 소쩍새류로 소쩍새보다 몸이 크다고 해서 붙인 이름이다. 큰소쩍새는 비교적 사람과 가까운 거리에서 둥지를 틀고 새끼를 낳고 기르는 대표적인 인간 친화적인 새 중 하나다. 물론 큰소쩍새가 사람을 좋아할 리는 없으니, 아마도 사람들이 살고 있는 환경이 좋아서일 것이다. 그들의 주 먹잇감인 설치류 등은 깊은 산속보다는 사람들의 거주지나 농경지를 중심으로 먹이 활동을 한다.

어쨌든 탐조인들 입장에서 보면 이보다 더 반가운 일은 없다. 게다가 큰소쩍새는 여느 맹금류처럼 새끼가 둥지를 벗어난 후에도 둥지 가까운 곳에서 어미 새와 함께 상당한 기간 머무는 특성이 있다. 이러한 속성 때문에 해마다 여름철이 되면 탐조인들은 꽤 오랜 기간 큰소쩍새 가족과 시간을 보내는 행운을 누린다.

어미 새(2024. 5. 24. 오후 4:08~5:45, 경기 가평 남이섬) 어미 새는 이소한 새끼들 주변 높은 나뭇가지에 앉아 새끼들을 보호하면서 낮 시간을 보내고 해가 지면 주변으로 날아가 먹이 사냥을 한다.

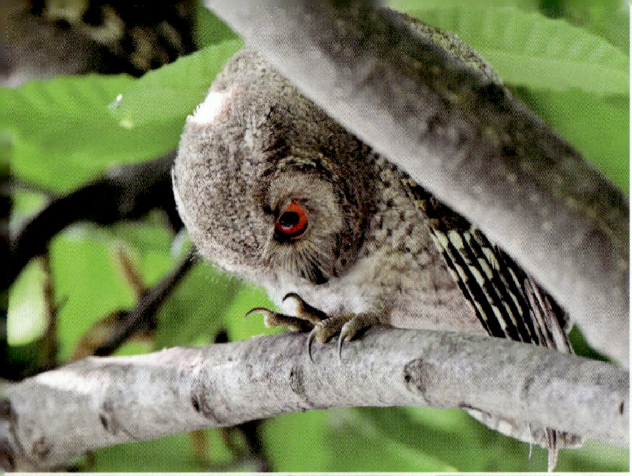

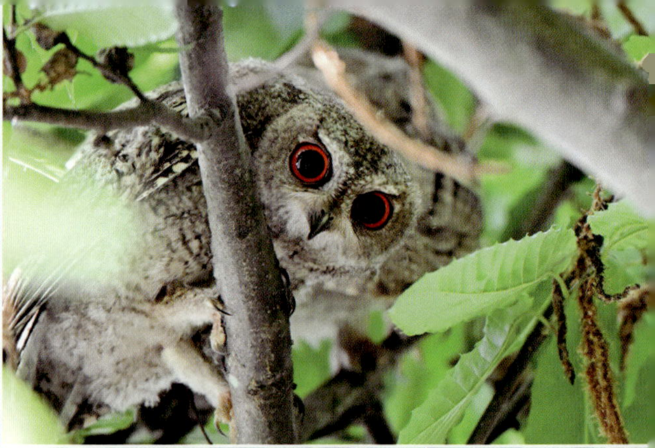

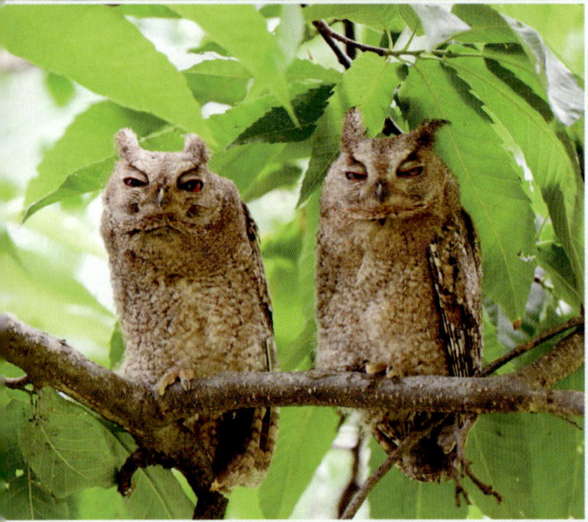

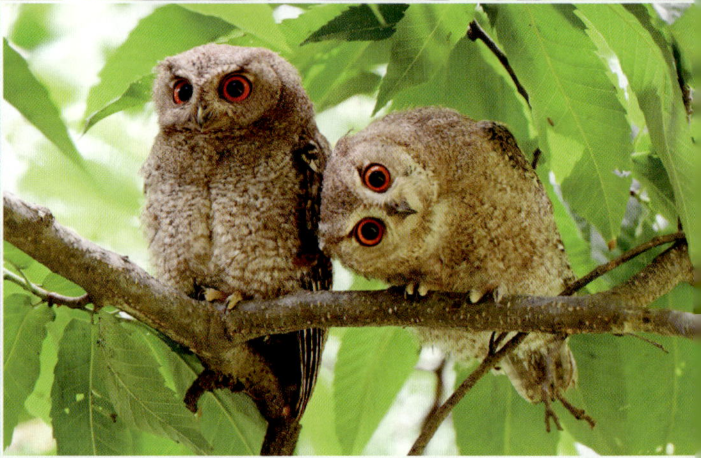

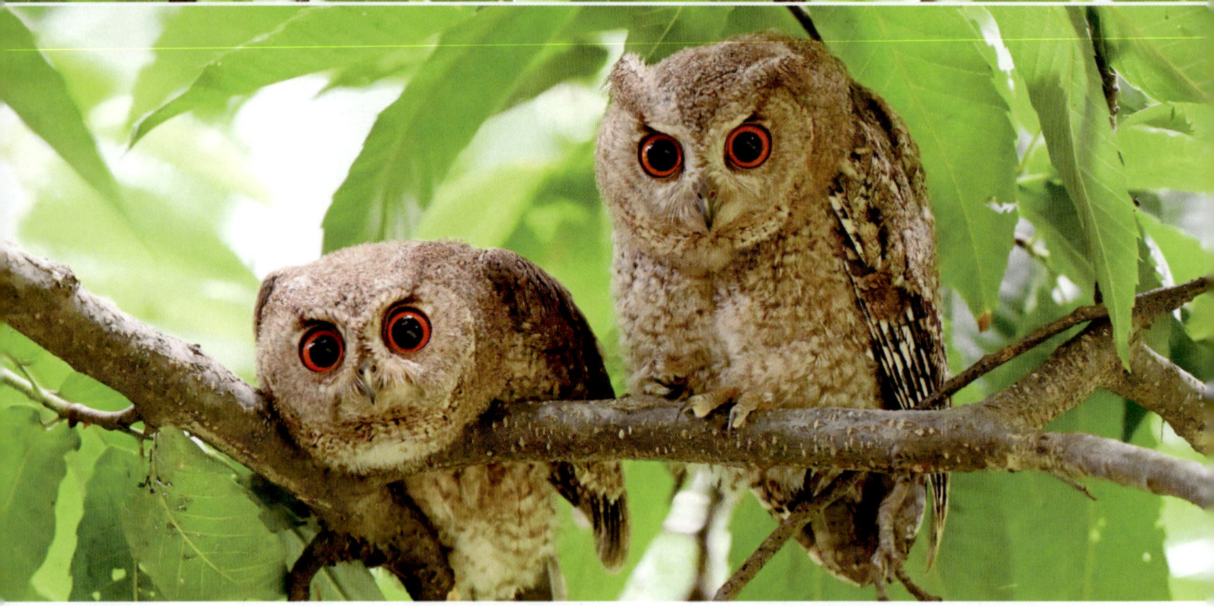

새끼 둥지에서 나온 새끼들은 멀리 가지 않고 둥지 근처 나뭇가지에 모여 앉아 어미가 잡아오는 먹이를 받아먹는다. 이때가 탐조인들에게는 큰소쩍새 가족을 가까운 거리에서 관찰하고 사진으로 담을 수 있는 좋은 기회이다.

1) 2023. 6. 25. 오전 8:29, 경기 가평 남이섬   2) 2023. 6. 25. 오전 8:53, 경기 가평 남이섬
3) 2023. 6. 30. 오후 2:22, 경기 가평 남이섬   4) 2023. 6. 30. 오후 2:23, 경기 가평 남이섬
5) 2023. 6. 30. 오후 2:27, 경기 가평 남이섬

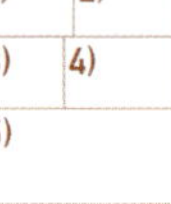

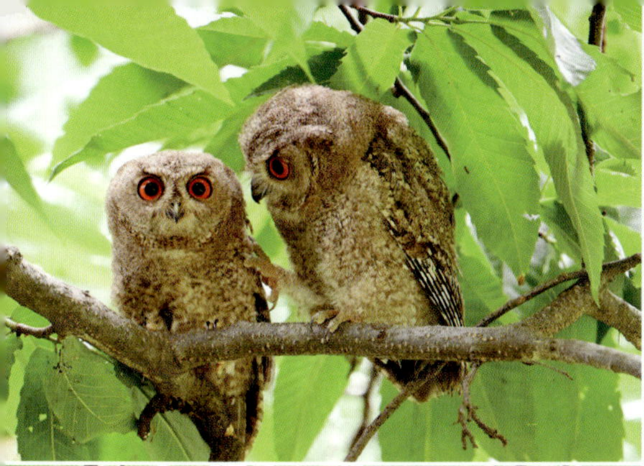

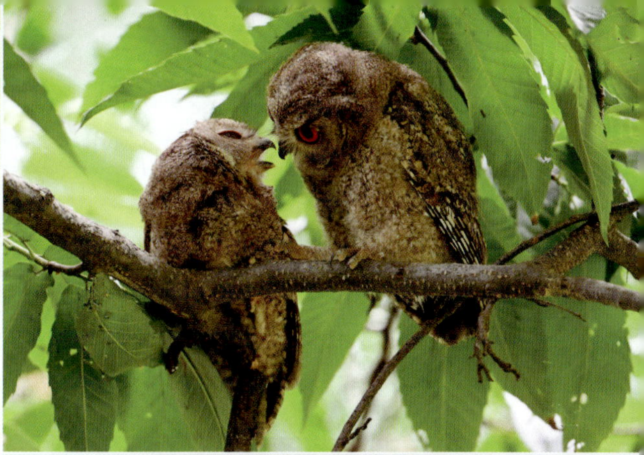

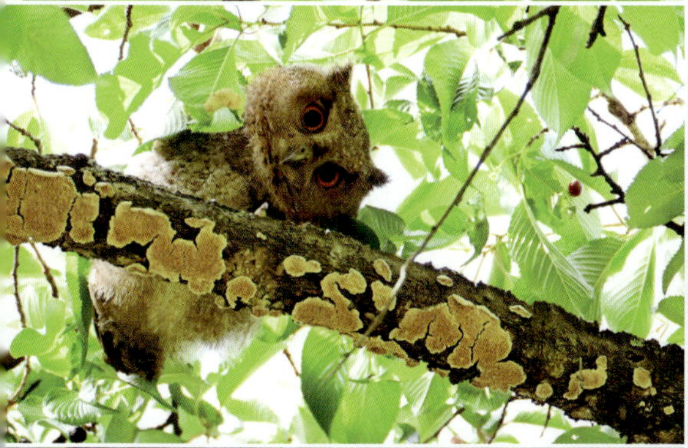

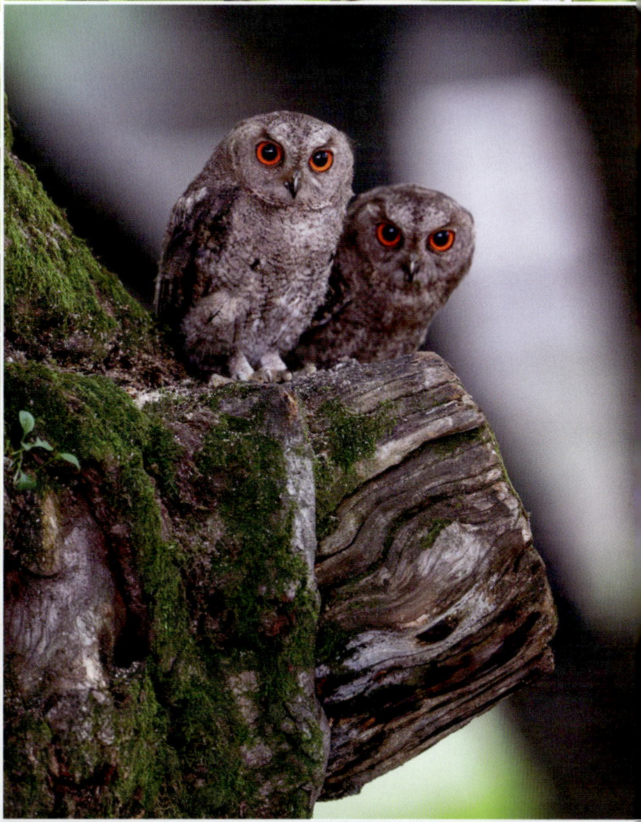

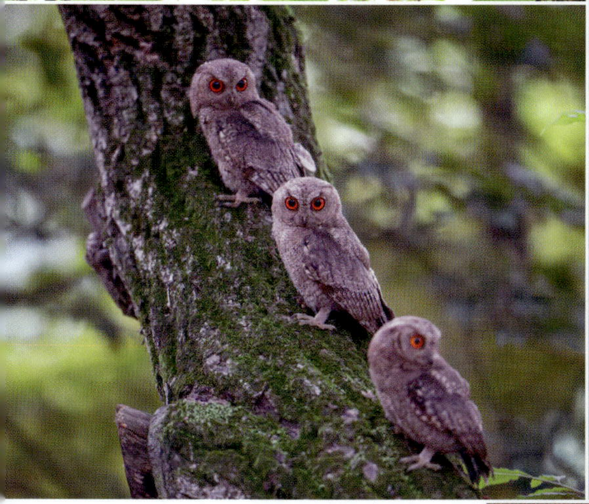

6)	7)
8)	9)
10)	
	11)

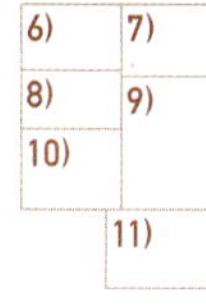

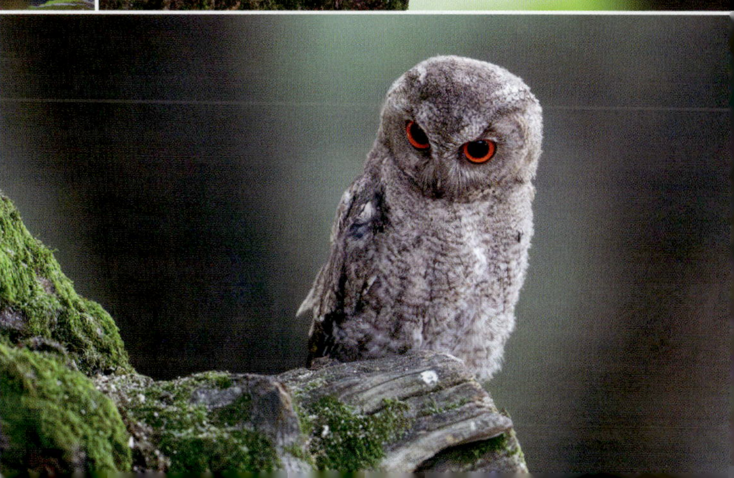

6) 2023. 6. 30. 오후 2:29, 경기 가평 남이섬
7) 2023. 6. 30. 오후 2:29, 경기 가평 남이섬
8) 2024. 5. 24. 오후 4:37, 경기 가평 남이섬
9) 2024. 7. 15. 오후 7:55, 경기 가평 남이섬
10) 2024. 7. 11. 오후 8:00, 경기 가평 남이섬
11) 2024. 7. 11. 오후 8:09, 경기 가평 남이섬

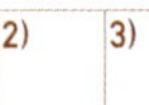

가을에 만난 큰소쩍새 수년 전부터 해마다 단풍이 물드는 가을철이면 큰소쩍새 한 마리가 어김없이 도심 자연공원의 나무 둥지를 찾아와 겨울을 보내고 이듬해 3월 초면 돌아간다. 둥지가 산책로로 가까이 자리하고 있어 수시로 많은 사람이 오가지만 사람들을 거의 신경 쓰지 않는다. 다만 물까치나 어치처럼 공격성이 강한 새들이 둥지 근처로 날아들면 바로 둥지 속으로 몸을 숨긴다. 이런 것을 보면 큰소쩍새는 사람들이 천적으로부터 자신을 보호해 주리라는 믿음을 갖고 둥지를 선택하는 듯하다. 낮 동안 잠을 자고 해가 넘어가 주위에 어둠이 깔리면 슬슬 먹이 활동을 시작한다.

1) 단풍나무에 둘러싸인 큰소쩍새 둥지(2025. 11. 26. 오전 11:15, 서울)

2) 낮잠 자는 큰소쩍새(2025. 11. 28. 오후 2:27, 서울)

3) 일몰과 함께 깨어나는 큰소쩍새(2025. 11. 28. 오후 5:36, 서울)

(촬영 조건 : 1/60초, F5.6, ISO40000)

4) 먹이 사냥에 나서는 큰소쩍새
(2025. 11. 30. 오후 5:39, 서울)
(촬영 조건: 1/125초, F2.8, ISO51200)

겨울에 만난 큰소쩍새(2026. 2. 2. 오전 11:11, 서울) 같은 둥지라도 주변 환경에 따라 그 풍경이 달라 보인다. 가까운 탐조지를 수시로 방문할 때 느낄 수 있는 즐거움 중 하나다.

불편한 이웃 큰소쩍새 둥지 주변에는 여러 새가 함께 겨울을 나며 봄을 준비한다. 이 이웃들은 큰소쩍새의 둥지가 마음에 드는지 수시로 둥지를 기웃거린다.

1) 동고비(2026. 2. 16. 오후 4:46, 서울)
2) 곤줄박이(2026. 2. 16. 오후 4:50, 서울)

짝을 찾는 뻐꾸기(2025. 6. 11. 오전 5:39, 경기 화성 국화도) 해가 뜨기 전부터 뻐꾸기 한 마리가 여기저기 자리를 옮겨가며 온 마을이 떠나갈 듯 소란스럽게 울며 짝을 찾는다.

1)	2)
3)	
4)	

딱새에게 탁란한 뻐꾸기 계곡 옆 한적한 천막 창고 안 청소용 빗자루 위에 자리 잡은 딱새 둥지에 뻐꾸기가 알 하나를 낳고 갔다. 며칠 후 가장 먼저 태어난 뻐꾸기 새끼는 알에서 나오자마자 딱새 알 하나를 밀어냈다. 딱새 부모는 뻐꾸기 새끼에게 먹이를 잡아다 먹이기 시작했고, 그사이 딱새 새끼가 태어났다. 그러나 뻐꾸기 새끼는 바로 딱새 새끼를 둥지 밖으로 밀어내 버렸다. 딱새 부모는 그 모습을 덤덤히 지켜볼 뿐이었고 결국 둥지를 독차지한 뻐꾸기 새끼를 키우는 데 전념을 다하기 시작했다.

1) 두 개의 딱새 알이 있는 상태에서 뻐꾸기 새끼가 먼저 태어났다.(2025. 7. 12. 오후 3:20, 강원 원주)

2) 뻐꾸기 새끼는 딱새 알 하나를 둥지 밖으로 밀어냈다.(2025. 7. 13. 오후 12:42, 강원 원주)

3) 딱새 수컷이 뻐꾸기 새끼에게 먹이를 물어다 주기 시작했다.(2025. 7. 14. 오전 8:57, 강원 원주)

4) 두 번째 알에서 딱새 새끼가 태어났지만 뻐꾸기 새끼는 딱새 새끼를 가차 없이 둥지 밖으로 밀어내고 둥지를 독차지했다.(2025. 7. 14. 오후 12:39, 강원 원주)

붉은머리오목눈이 어미에게서 먹이를 받아먹는 뻐꾸기 새끼(2023. 8. 17. 오전 11:31, 전남 영암)

둥지 위로 올라선 뻐꾸기 새끼

1) 2023. 8. 21. 오후 1:26, 전남 영암
2) 2023. 8. 24. 오전 10:26, 전남 영암

둥지를 떠나는 뻐꾸기 새끼(2023. 8. 24. 오전 10:27, 전남 영암)

둥지 주변에서 먹이를 받아먹는 뻐꾸기
새끼(2023. 8. 24. 오후 1:57, 전남 영암)

벙어리뻐꾸기

이름에서 많은 오해를 받는 뻐꾸기다. 이름을 듣는 순간 사람들이 "벙어리라고?" 하며 되묻는다. 그러나 이 새가 전혀 울지 않는 것이 아니고 뻐꾸기처럼 "뻐꾹뻐꾹" 하고 울지 않고 "뽀우뽀우" 하며 울어서 붙인 이름이다. 우리나라에서는 4월부터 9월까지 여름철새로 관찰된다.

벙어리뻐꾸기 적색형
(2025. 5. 13. 오후 4:02,
제주 마라도)

매사촌의 딱새 탁란

탁란은 뻐꾸기의 전유물이 아니다. 드물지만 매사촌도 딱새에게 탁란을 한다.

**새끼 매사촌에게 먹이
를 물어다 주는 딱새**
(2020. 8. 10. 오후 1:25,
경기 수원, 촬영: 이석각)

솔부엉이 갈색 긴꼬리 올빼미

 **탐조 안내**

솔부엉이는 인가 부근의 숲이나 도시공원 등 우리 주변 가까운 곳에서 볼 수 있는 여름철새다. 머리 부분이 짙은 갈색을 띠고 홍채가 노란색이다. 가슴과 배는 굵은 갈색 세로무늬가 선명하며 귀깃(귀뿔)이 없고 꽁지깃이 긴 것이 특징이다. 어린 새는 성조에 비해 가슴과 배의 갈색 줄무늬가 없거나 희미한 것으로 구별된다.

영어권에서는 솔부엉이의 여러 특징 중 특히 갈색 머리와 긴 꽁지깃을 강조하여 '갈색 긴꼬리 올빼미(Brown Hawk-owl)'라고 한다. 생태학적으로 올빼미과는 크게 올빼미류, 부엉이류, 소쩍새류 등 3가지로 나뉘며, 올빼미류와 솔부엉이만 귀깃이 없다. 이런 특징을 고려한다면 솔부엉이도 '솔 올빼미'라는 이름이 더 어울릴 듯하다. 조류학자들은 솔부엉이를 3개의 아종으로 구분하는데 그중 한국의 솔부엉이는 'Northern Boobook'에 속하는 것으로 알려졌다.

전형적인 야행성인 솔부엉이는 낮에는 둥지 주변의 나뭇가지에 가족끼리 옹기종기 모여 앉아 휴식을 취하다가 밤이 되면 서서히 먹이 활동을 시작한다. 솔부엉이 가족이 있는 나무 근처에 밤새 밝히는 가로등이 있다면 이곳으로 날아드는 나방류를 잡아먹으러 접근하는 솔부엉이 모습을 운 좋게 관찰할 기회를 얻기도 한다.

탐조하기

어른 새와 어린 새의 구별 가슴과 배 쪽의 갈색 무늬로 구별한다. 짙고 뚜렷한 갈색 세로무늬가 있으면 어른 새, 무늬가 선명하지 않으면 어린 새이다.

1) 어른 새

  A. 2024. 5. 20. 오전 9:32, 경북 영천

  B. 2025. 7. 20. 오전 9:29, 경기 가평 남이섬

1)-A
1)-B

<table>
<tr><td>2)-A</td><td>2)-B</td></tr>
<tr><td>2)-C</td><td>2)-D</td></tr>
</table>

2) 어린 새
A. 2025. 7. 20. 오후 12:27, 경기 가평 남이섬,　B. 2025. 7. 20. 오후 12:30, 경기 가평 남이섬,
C. 2024. 7. 20, 오전 10:55, 경북 영천,　D. 2025. 7. 20. 오전 8:55, 경기 가평 남이섬

3) 어른 새와 어린 새(2024. 7. 19. 오후 5:39, 경북 영천)

둥지 속 새끼(2025. 7. 18. 오전 10:12, 경기 가평 남이섬) 새끼들은 하루 이틀 시간을 두고 차례로 둥지를 떠나지만 발육 정도에 따라 때로는 이소 간격이 길어지기도 한다. 이 사진 속 막내 새끼는 예상보다 더 오래 둥지에 머물렀다.

<table>
<tr><td>1)</td><td>2)</td><td></td></tr>
<tr><td>3)</td><td>4)</td><td></td></tr>
<tr><td>5)</td><td>6)</td><td>7)</td></tr>
</table>

이소 새끼들의 발육상태에 따라 대개 하루 이틀 시간을 두고 순차적으로 이루어진다. 이소 직후에는 멀리 날지 못하고 나무를 타고 올라가 어미 새나 먼저 나온 형제들을 만나 함께 시간을 보낸다. 대개 새끼는 둥지 위에 발을 딛고 올라서면 바로 둥지를 떠나지만 이 사진의 막내 새끼는 이소에 30분 이상 걸렸다. 이소는 일몰 후에 이루어졌지만 F2.8렌즈에 ISO 값을 최대로 올린 상태에서 둥지가 있는 공원의 가로등 불빛의 도움을 받아 간신히 관찰과 촬영이 이루어졌다.

(촬영 조건 – 1/400~1/8초, F2.8, ISO51200~ISO65535)

1) 2025. 7. 20. 오후 7:52, 경기 가평 남이섬　　2) 2025. 7. 20. 오후 7:53, 경기 가평 남이섬

3) 2025. 7. 20. 오후 7:55, 경기 가평 남이섬　　4) 2025. 7. 20. 오후 8:16, 경기 가평 남이섬

5) 2025. 7. 20. 오후 8:19, 경기 가평 남이섬　　6) 2025. 7. 20. 오후 8:19, 경기 가평 남이섬

7) 2025. 7. 20. 오후 8:22, 경기 가평 남이섬

새끼들의 날기 연습(2025. 7. 20. 오전 9:37, 경기 가평 남이섬) 이소 후 새끼들은 한자리에 오랜 시간 앉아 있는 어미 새와는 달리 활발히 몸을 움직이며 나는 연습을 게을리하지 않는다.

쏙독새 위장술의 천재

탐조 안내

쏙독새는 우리나라에서는 비교적 흔한 여름철새다. 그러나 완벽한 보호색을 띤 위장술이 워낙 뛰어난 데다 전형적인 야행성이므로 실제로 이 새를 관찰하고 사진으로 담는 것은 결코 쉽지 않다. 이름은 "쏙독독~" 하고 운다고 해서 붙였다.

쏙독새의 가장 큰 특징 중 하나는 어른 새나 새끼 새가 완벽한 보호색을 지닌다는 것이다. 나뭇잎이나 바위 위에 납작 엎드려 눈까지 꾹 감고 있으면 쏙독새를 찾아내는 것은 결코 쉽지 않다. 그런데 이 단순한 보호색이 생각보다 은근히 화려하고 매력적이다.

쏙독새의 생김새는 무척이나 개성이 강해서 다른 새와 확연히 구별된다. 가장 두드러진 점은 부리와 다리가 짧고 입과 눈이 크며 입 양쪽에 빳빳하고 긴 수염 털이 달려 있다는 것이다. 이러한 생태 특징은 밤에 공중을 날면서 나방 등의 곤충을 잡아먹기에 유리하도록 진화한 결과다. 수염 털은 먹잇감을 잡을 때 일종의 그물 역할을 함과 동시에 딱딱한 먹잇감으로 인해 눈이 다치는 것을 막아준다. 큰 입은 나방 등의 곤충을 한입에 삼키는 데 유리하다.

먹이 사냥은 큰 입으로 하다 보니 상대적으로 부리를 잘 쓰지 않아서 짧아졌고, 밤에 날아다니면서 사냥하고 낮에는 하루 종일 바위나 나뭇가지에 엎드려 있으니 짧은 다리가 유리해졌다. '용불용설(用不用說)'의 대표적 사례 중 하나다. 쏙독새는 걸어 다니는 일이 거의 없으므로 짧은 다리를 확인하기가 쉽지 않지만 둥지 안에서 몇 시간 동안 꼼짝도 하지 않고 새끼들을 품고 있다가 잠시 옆자리로 옮겨 앉는 순간에는 살짝 다리가 드러난다.

보통 한배에 2개 정도 알을 낳아 기르며, 포란 중에는 의상행동으로 천적을 속이기도 한다. 자료에는 알에서 깨어난 새끼는 둥지에서 약 1주일간 머물며 몸을 키운 뒤 이소하는 것으로 되어 있고, 이 기간에 어미 새는 일출과 일몰을 전후해서 사냥에 나서는 것으로 알려졌지만 필자의 경험으로는 꼭 그렇지만은 않았다. 새끼와 어미 새는 둥지에서 3주 가까이 머물렀고 먹이 사냥도 일출 전인 5시 이전에 이미 밤 사냥을 마쳤으며, 일몰 후 30여 분이 지난 오후 8시 21분쯤 주변이 완전히 어두워져서야 비로소 먹이를 구하러 움직였다.

대부분의 탐조가 그렇지만 쏙독새와 같은 야행성 새들은 특히 더 많은 인내와 끈기가 필요하다. 하루 종일 지켜봐도 거의 미동도 없는 날이 많고, 움직임이라야 가끔씩 새끼가 어미 품 속에서 머리를 내밀고 하품하거나 둥지 밖으로 총배설강을 대고 똥을 싸는 모습을 보는 것이 거의 전부다.

탐조하기

| 1) |
| 2)-A | 2)-B |

완벽한 보호색

1) 새끼(2025. 6. 3. 오전 11:05, 경기 화성): 새끼의 갈색 솜털은 주변의 나뭇잎 색을 쏙 빼닮았다.

2) 어미 새(2025. 6. 5. 오후 4:09, 경기 화성): 어미 새는 품고 있는 새끼 새들에게 맑은 공기를 불어넣어 주기 위해 아래위로 몸을 천천히 움직인다. 이때 특히 몸을 낮추고 있으면 어미 새의 모습은 바위와 거의 구별이 되지 않는다.

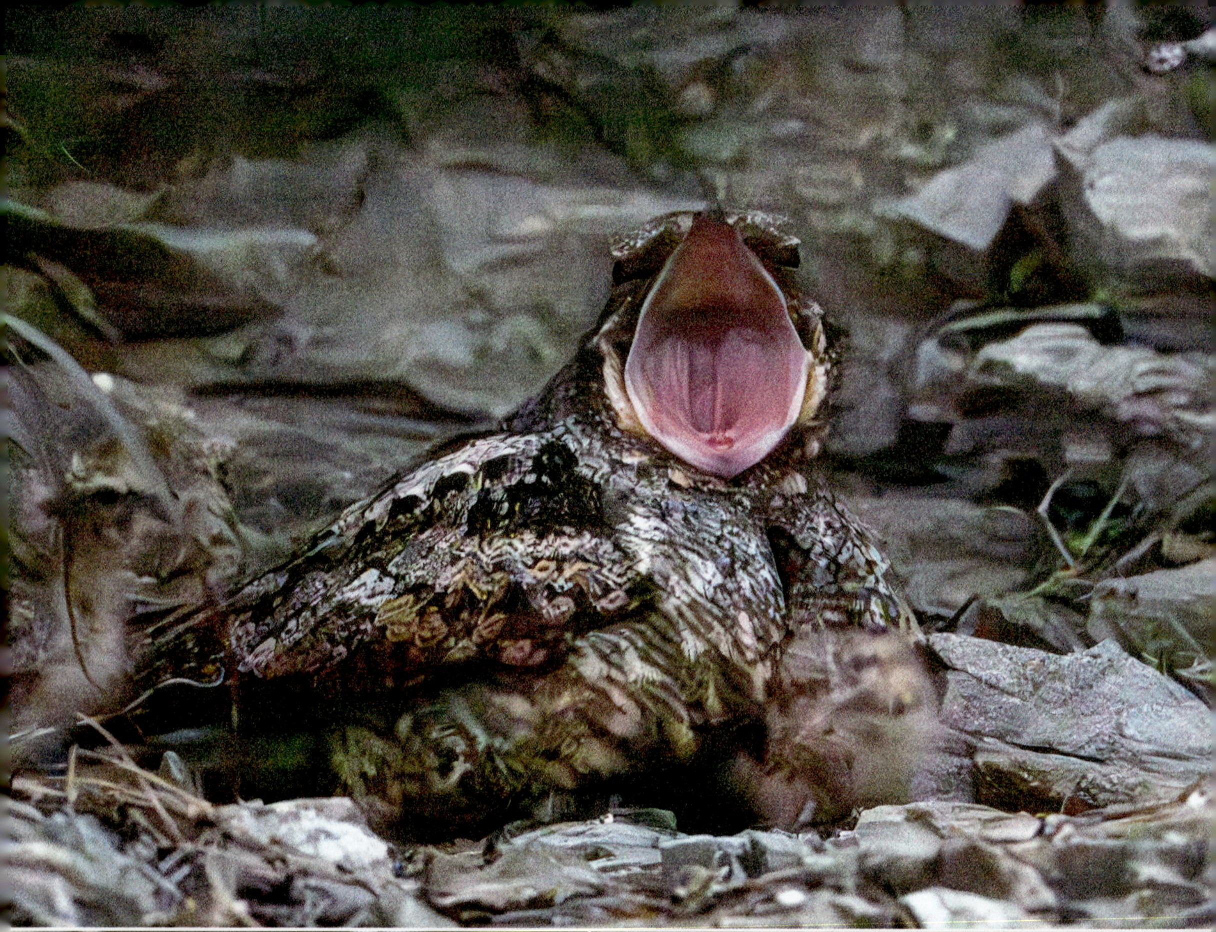

독특한 외모

1) 큰 입(2025. 6. 8. 오후 8:05, 경기 화성): 입이 얼마나 큰지 하품을 크게 하면 입이 온 얼굴을 가린다. 이 세상 모든 새 중 입이 가장 큰 듯하다.

2) 작은 부리와 긴 수염 털(2025. 6. 3. 오후 3:10, 경기 화성)

3) 짧은 다리(2025. 6. 5. 오후 6:49, 경기 화성)

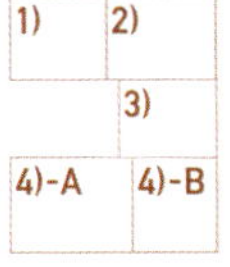

낮 동안의 둥지 풍경 낮 동안은 새끼들을 품은 어미 새가 꼼짝도 않고 자리를 지킨다. 가끔 새끼들이 어미 품 밖으로 나와 기지개를 켜고 하품을 하고 똥도 싼다. 그사이 어미 새도 한두 번은 자리를 고쳐 앉는다.

1) 바깥세상이 궁금한 새끼(2025. 6. 6. 오전 8:36, 경기 화성)
2) 하품하는 새끼(2025. 6. 5. 오후 7:27, 경기 화성)
3) 둥지 밖으로 엉덩이를 돌려대고 똥을 싸는 새끼(2025. 6. 6. 오전 10:28, 경기 화성)
4) 수풀 속에서 더위를 피하는 새끼(2025. 6. 8. 오후 1:06, 경기 화성): 새끼들이 움직이면 어미 새도 자리를 옮겨가며 경계를 늦추지 않는다.

▲◄ 먹이를 달라고 조르는 새끼(2025. 6. 10. 오후 8:14, 경기 화성) 해가 넘어가자 새끼들은 어미 품속에서 기어 나와 어미에게 까치발로 매달리며 먹이를 달라 졸라댄다. 그러나 어미 새는 그로부터 20여 분이 지난 8시 21분쯤에서야 몸을 움직이기 시작했다.

사냥해오기 일몰 시간이 오후 7시 52분이던 날, 해가 지고도 30여 분이 지나 주변이 완전히 어두워져서야 어미가 사냥을 나갔고 약 3분여 만에 먹잇감을 입에 물고 둥지로 돌아왔다.

(촬영 조건 : S1/125초, F2.8, ISO65535)

1) 사냥을 나가기 직전의 어미 새(2025. 6. 10. 오후 8:21, 경기 화성)
2) 사냥을 나가는 어미 새(2025. 6. 10. 오후 8:21, 경기 화성)
3) 사냥에서 돌아오는 어미 새(2025. 6. 10. 오후 8:24, 경기 화성)

새끼에게 먹이 먹이기(2025. 6. 10. 오후 8:25, 경기 화성) 어미 새는 입에 물고 온 먹잇감을 새끼에게 먹이려고 했지만 아직 먹이를 받아먹는 것이 서툰 새끼는 그만 나방 한 마리를 놓치고 말았다. 나방은 구사일생으로 날아가 버리고 새끼는 어미 입안에 있던 다른 먹이를 받아먹는 데 성공했다. 아직은 배워야 할 것이 많은 새끼들이다. 노란색 원 안에 보이는 것이 쏙독새 입에서 탈출한 나방이다.

목줄의 수수께끼 6월 3일에 찍은 사진에는 어미 새의 목에 목줄이 걸려 있었지만 6월 5일 이후로 관찰한 모습에서는 그 목줄이 보이지 않았다. 해가 지고 나면 둥지 주변으로 수컷이 찾아오는데 그날 목줄이 달린 수컷이 임시로 새끼들을 품어주었던 것은 아닌지 추측할 뿐이다.
1) 목줄이 있는 어미 새(2025. 6. 3. 오후 2:26, 경기 화성)
2) 목줄이 없는 어미 새(2025. 6. 5. 오후 7:00, 경기 화성)

이소 직전의 쏙독새 가족
(2025. 6. 17. 오후 7:34, 경기 화성) 태어난 지 20여 일 된 새끼 둘을 어미 새가 양쪽에 끼고 둥지에서 휴식을 취하고 있다. 자료에는 쏙독새는 보통 알에서 깨어난 지 1주일 정도 지나면 새끼들이 둥지를 떠나는 것으로 되어 있지만, 이 가족은 무려 3주 가까이 둥지에 머물렀다. 자연환경에 따라 새들도 다양한 방식으로 대처하는 것이다.

대륙검은지빠귀
도시 탐조의 보물

탐조 안내

대륙검은지빠귀는 주로 중국 중남부에서 번식하고 중국 남부나 인도차이나 북부에서 월동한다. 얼핏 보면 작은 까마귀처럼 보이지만 부리와 눈 테가 노란색이라 쉽게 판별된다. 지빠귀류 중에서는 호랑지빠귀와 함께 가장 몸이 크다.

우리나라에서는 지난날 봄과 가을철에 서해안 도서 지역에서 나그네새 혹은 길잃은새로 드물게 관찰되었지만 1999년 첫 번식 개체가 관찰된 이후 해마다 그 수가 늘어나는 것은 물론, 월동까지 하는 개체수가 빠르게 증가하고 있다. 기후변화와 함께 새로운 텃새로 자리 잡아가고 있는 것이다.

대륙검은지빠귀는 대부분 도시공원을 생활 터전으로 삼는다. 여름철 육추기에는 새끼들이 둥지를 떠난 후에도 어미 새는 둥지 근처 풀밭에서 한동안 2차 육추를 이어가고, 겨울철에는 지난여름에 태어난 어린 새들이 독립적인 먹이 활동을 하면서 어미 새와 함께 겨울을 난다.

대륙검은지빠귀의 주 먹이는 지렁이, 작은 곤충, 나무 열매 등이다. 대개의 지빠귀류가 그렇듯이 땅 위를 재빠르게 걸어 다니면서 흙이나 나뭇잎을 뒤져 먹이를 찾는다. 먹이를 찾을 때의 소리가 워낙 커서 탐조인들은 이 소리를 듣고 지빠귀류가 근처에 있음을 알아차리기도 한다. 탐조인 입장에서 보면 정말 보물 같은 존재다.

 **탐조하기**

지렁이 사냥
1) 나뭇잎을 뒤져 지렁이를 잡는 어미 새(2025. 7. 2. 오후 1:24, 경기 고양 일산호수공원)
2) 지렁이를 물고 새끼들에게 달려가는 어미 새(2025. 7. 3. 오전 7:42, 경기 고양 일산호수공원)

1)-A	1)-B
2)	

둥지에서 새끼 키우기

1) 지렁이 먹이기(2023. 6. 19. 오전 9:47, 서울 올림픽공원)

2) 열매 먹이기(2025. 6. 19. 오후 4:08, 경기 고양 일산호수공원)

3) 똥 받아내기(2023. 6. 19. 오전 8:25, 서울 올림픽공원)

4) 비 오는 날(2025. 6. 20. 오전 11:06, 경기 고양 일산호수공원): 새끼들을 먹이는 일은 비가 내릴지라도 멈추지 않는다.

이소 유도

1) 둥지 밖에서 새끼들을 불러내는 어미 새(2025. 6. 19. 오전 9:40, 경기 고양 일산호수공원)

2) 둥지를 벗어나기 직전의 새끼 새(2025. 6. 19. 오후 4:03, 경기 고양 일산호수공원)

<table>
<tr><td>1)</td><td rowspan="2">**둥지 밖에서 새끼 키우기**
1) 둥지를 떠나 어미 새를 기다리는 새끼 새(2025. 7. 2. 오후 1:21, 경기 고양 일산호수공원)
2) 새끼에게 먹이를 물어다 먹이는 어미 새(2025. 7. 3. 오전 8:27, 경기 고양 일산호수공원)</td></tr>
<tr><td>2)-A 2)-B</td></tr>
</table>

어미 새의 겨울나기

주로 땅 위를 바쁘게 걸어 다니며 먹이 활동을 하지만 가끔 직박구리 등 불편한 이웃들이 귀찮게 하거나 산책객들이 바로 옆을 지나갈 때면 나무 위로 자리를 옮겨 잠시 쉼의 시간을 갖는다.

1) 2026. 1. 15. 오후 2:54, 경기 성남 당골공원
2) 2026. 1. 15. 오후 2:59, 경기 성남 당골공원
3) 2026. 1. 15. 오후 2:57, 경기 성남 당골공원

<table>
<tr><td>1)</td><td></td></tr>
<tr><td></td><td>2)-A</td></tr>
<tr><td>2)-B</td><td>2)-C</td></tr>
<tr><td>2)-D</td><td>2)-E</td></tr>
<tr><td>2)-F</td><td></td></tr>
<tr><td>2)-G</td><td></td></tr>
</table>

어린 새의 겨울나기

1) 낙엽 속에서 먹이 찾기(2026. 1. 15. 오전 10:42, 경기 성남 당골공원)

2) 뛰어난 학습력(2026. 1. 17. 오전 10:26, 경기 성남 당골공원): 낙엽 속에서 찾아낸 작은 열매 하나를 무심코 삼켜 보지만 목에 걸려 넘어가지 않자 다시 뱉어낸다. 꼭지를 떼어내고 먹어야 한다는 사실을 몰랐던 것이다. 어린 새는 잠시 뒤 꼭지를 물고 흔들어 떼어낸 뒤 열매를 삼켰다. 학습 능력이 정말 뛰어난 녀석이다.

여름에 만난 물수리

1) 물속에 몸을 담그고 열기를 식히는 물수리(2024. 8. 28. 오전 8:15, 제주)

2) 물고기를 사냥하려고 물속으로 뛰어드는 물수리(2024. 8. 30. 오후 3:15, 제주)

3) 아침 햇살에 빛나는 물수리 (2024. 8. 31. 오전 10:38, 제주)

사냥 7단계: 1. 호버링(2023. 9. 30. 오후 4:13, 제주) 물수리는 공중에서 선회하거니 정지비행을 하면서 물속 물고기의 동태를 살핀다. 이런 동작은 탐조인들에게 보내는 일종의 사진 촬영 개시 신호인 셈이다.

사냥 7단계: 2. 낙하 공중에서 먹잇감을 발견하고 목표를 정하면 최대한 빠른 속도로 거의 수직 낙하 한다. 물수리 사냥 과정에서 최고의 속도감을 펼치 는 순간이다.
1) 2024. 10. 08. 오후 12:14, 제주
2) 2024. 10. 12. 오전 9:30, 제주

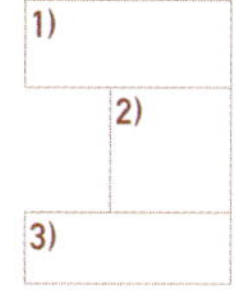

사냥 7단계: 3. 입수 수면 가까이 도착하면 물수리는 물고기의 움직임을 주시하면서 정확한 포획을 위해 입수 각도를 순간적으로 조절한다. 이 과정에서는 입사 각도와 속도에 따라 날개 모양이 다양하게 관찰된다.

1) 2023. 10. 10. 오전 9:50, 제주
2) 2024. 10. 12. 오전 9:30, 제주
3) 2024. 10. 30. 오전 8:16, 강원 강릉 남대천

◀ **사냥 7단계: 4. 포획**(2024. 10. 31. 오전 11:01, 강원 강릉 남대천) 포획 단계에서는 물고기의 위치에 따라 물수리의 몸이 반쯤 또는 완전히 물속에 잠긴다. 입사 각도와 속도 등에 따라 다양한 형태와 크기의 물보라가 솟구치는 순간이다. 이 순간 많은 카메라가 초점을 잃는다.

사냥 7단계: 5. 출수 물수리에게 가장 힘들고 위험한 순간이다. 무거운 물고기를 움켜쥔 상태에서 오로지 날개 힘만으로 물을 박차고 도약해야 하기 때문이다.

1)	3)
2)	
4)	
5)	

1) 2024. 11. 7. 오후 2:38, 경북 포항 형산강
2) 2024. 10. 12. 오전 9:30, 제주
3) 2024. 10. 10. 오전 9:30, 제주
4) 2023. 9. 29. 오후 4:20, 제주
5) 2024. 10. 31. 오전 11:01, 강원 강릉 남대천

사냥 7단계: 6. 이동 물속에서 빠져나온 물수리는 사냥터에서 약간 멀리 떨어진 자기만의 장소로 느긋하게 이동한다. 이 과정에서 같은 물수리나 매, 심지어는 갈매기에게 공격받기도 한다.

1) 2024. 11. 8. 오전 8:32, 경북 포항 형산강: 짙은 안개를 뚫고 물수리는 숭어 한 마리를 거뜬히 낚아 올렸다.
2) 2024. 10. 23. 오후 2:03, 강원 고성: 일반적으로 역광 사진을 기피하는 경향이 있지만, 상황에 따라서는 이 사진처럼 특별한 사진을 촬영할 수 있는 기회가 되기도 한다.
3) 2024. 10. 30. 오전 11:57, 강원 강릉 남대천

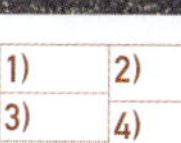

사냥 7단계: 7. 물 털기 이동을 시작하고 어느 정도 비행 고도를 확보하면 물수리는 몸을 세차게 흔들어 몸에 붙은 물기를 털어낸다.

1) 2024. 10. 08. 오전 9:05, 제주
2) 2024. 10. 23. 오후 2:03, 강원 고성
3) 2024. 10. 26. 오후 2:44, 강원 고성
4) 2024. 10. 27. 오전 9:02, 강원 고성
(600mm 렌즈에 TC2.0을 부착하여 1200mm로 촬영했다.)

▲ **사냥 후 이동 중 매에게 공격받는 물수리**(2024. 10. 11. 오전 8:30, 제주) 매는 물고기를 잡은 물수리를 끈질기게 추격하여 물고기를 강탈하기도 한다.

▲ **영역 쟁탈전**(2024. 10. 11. 오전 8:30, 제주) 먹이를 움켜쥔 물수리 한 마리가 제 영역을 침범당했다고 생각하여 먹이 사냥을 나온 다른 물수리를 쫓아내고 있다.

다리를 다친 물수리(2024. 10. 4. 오후 1:41, 경기 용인) 언제 어디서 어떻게 다쳤는지는 모르겠지만, 다리가 아주 불편한 물수리 한 마리가 힘겹게 물고기 한 마리를 사냥해서 멀리 이동도 못 하고 사냥터에서 바로 먹고 있다. 야생에서의 삶은 늘 위험이 도사리고 있기 마련이다.

먹이의 다양성 물수리는 어느 지역에서 먹이 활동을 하느냐에 따라 먹잇감이 달라진다. 강에서는 잉어나 베스, 바닷가에서는 광어, 숭어, 복어, 갈치 등을 사냥한다. 이 가운데 탐조인의 관점에서 가장 독특한 먹잇감은 갈치류이다.

<table>
<tr><td>1)-A</td><td>1)-B</td></tr>
<tr><td>1)-C</td><td>1)-D</td></tr>
<tr><td></td><td>1)-E</td></tr>
</table>

1) 동갈치(2024. 10. 23. 오후 2:03, 강원 고성): 동갈치는 연안이나 바닷물이 드나드는 호수의 수면 가까이 서식하기 때문에 물수리가 비교적 쉽게 사냥할 수 있는 물고기다. 그러나 동갈치는 독특한 생김새 때문에 물수리에게는 까다로운 먹잇감 중 하나다. 사냥할 때 정확히 머리 부분을 제압하지 않으면 이동 과정에서 요동치며 특유의 뾰족한 부리로 물수리를 사정없이 공격하기도 한다. 이런 이유로 동갈치를 잡은 물수리는 바로 먹이터에 앉지 못하고 공중을 한참 선회하기도 하지만 일단 제압하고 나면 먹이터에 빨래처럼 걸어놓고 약 한 시간여 동안 느긋하게 배를 채운다.(840mm 렌즈에 TC2.0을 부착하여 1680mm로 촬영했다.)

2) 베스(2024. 10. 4. 오후 1:18, 경기 용인): 베스는 내륙 하천에서 주로 잡힌다.

3) 복어(2024. 8. 31. 오전 9:19, 제주): 복어의 입에 낚싯바늘이 물려 있는 것으로 보아 낚시꾼에게 낚였다
　　가 풀려난 것으로 보인다.

물수리 사냥에서 고려되는 요소들 물수리가 사냥에서 가장 먼저 고려하는 요소는 바람이고 바닷가에서는 물때도 중요하다.

1) 바람(2024. 8. 31. 오전 9:00, 제주): 물수리는 특유의 사냥 습성상 바람에 민감하다. 바람의 유무나 강도는 물수리의 사냥에 결정적인 영향을 주지 않지만 바람의 방향은 무척 중요하다. 먹잇감을 사냥한 후 물 밖으로 빠져나와 이동하는 과정에서 에너지를 최소한으로 줄이기 위해 바람을 맞으며 사냥을 하기 때문이다.

2) 물때(2023. 10. 02. 오후 12:56, 제주): 바닷가에서는 물때도 중요한 요소로 작용한다. 간조나 만조 시에 먹잇감인 물고기의 이동 상황이 전혀 달라지기 때문이다. 바닷가 내륙 쪽에서 사냥하다가 만조가 되는 등 물때 조건이 맞지 않으면 아예 바다 쪽으로 나가 사냥하기도 한다.

이상한 행동을 하는 물수리(2024. 11. 7. 오전 10:24, 경북 포항 형산강) 숭어 한 마리를 낚아 올린 물수리는 웬일인지 공중에서 한참을 선회하면서 여전히 숭어 떼가 몰려다니는 물속을 응시하고 있다. 그 속내는 모르겠지만 뭔가 성이 차지 않은 듯 다시 사냥에 나설 몸짓이었으나 잠시 후 자리를 떠나고 말았다.

어린 새의 서툰 먹이 사냥(2025. 10. 14. 오전 11:39, 제주) 아직 먹이 사냥에 서툰 어린 새는 대여섯 번 시도 끝에 한 번 정도 성공한다. 그것도 물속 깊이 뛰어들지 못하고 사진에서처럼 물 위에 떠 있는 죽은 먹잇감을 건져 올리는 수준이 대부분이다.

노랑딱새 황금색 나그네새

 **탐조 안내**

노랑딱새는 이름 그대로 멱과 가슴 부분이 황금색을 띤 것이 특징이며, 특히 수컷 성조에게서 가장 두드러진다. 수컷은 암컷과 뚜렷하게 구별된다. 그러나 다 자라지 않은 어린 새의 경우 암수 구별은 물론이고, 암컷과 닮아 있어 구별하기가 여간 까다로운 것이 아니다.

노랑딱새는 우리나라에서는 봄과 가을에 잠시 들르는 나그네새 중 하나다. 나그네새들은 대부분 짧은 시간 머물기 때문에 그 시기를 놓치면 최소한 6개월은 기다려야 다시 만날 수 있다. 그러나 때와 장소만 잘 선택하면 한 달 정도는 충분히 관찰하고 사진을 찍을 수 있다. 예를 들어 가을철 열매가 한창 익어갈 10월 무렵에 노랑딱새가 즐겨 찾는 산초나무를 찾아가면 노랑딱새를 만날 확률이 높다. 산초 열매는 노랑딱새가 먹기 좋을 만큼 크기가 적당하고 많이 밀집되어 있어 한 장소에 머물면서 먹이 활동을 할 가능성이 높다.

그런데 노랑딱새는 보통의 딱새와 달리 무척 예민한 성격이라 열매가 열린 나무에 좀처럼 오랫동안 머물지 않는다. 주변의 높은 나무 위에 앉아 있다가

불현듯 내려앉아 재빨리 열매를 따 먹고는 홀연히 사라진다. 이런 면에서 노랑딱새는 자세히 보기도 어렵고 사진 촬영이 무척이나 까다로운 새 중 하나다.

그러나 기회는 항상 오기 마련이다. 노랑딱새 대부분은 나뭇가지나 나뭇잎 뒤 은밀한 곳에서 먹이 활동을 하지만 가끔 나무 꼭대기 열매 위에 올라앉아 느긋하게 씨앗을 빼 먹는 새들도 있어 이 기회를 포착하면 멋진 사진을 담을 수 있다. 상황에 따라서는 정지비행 상태에서 순간적으로 열매를 빼 먹기도 한다. 그런데 이 행동이 너무나 순식간에 이루어지기 때문에 사진으로 담아내기가 결코 쉽지 않지만, 잘만 포착하면 뜻하지 않은 장면을 촬영할 수 있다.

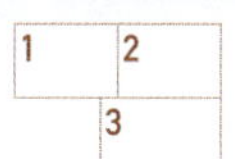 **탐조하기**

1. 수컷 성조(2024. 10. 17. 오전 9:17, 경기 포천 국립수목원)

2. 암컷 성조(2024. 10. 22. 오전 11:41, 경기 포천 국립수목원)

3. 수컷 어린 새(2024. 10. 18. 오전 10:28, 경기 포천 국립수목원)

산초나무 열매 씨를 빼 먹는 노랑딱새(2024. 10. 18. 오전 10:28, 경기 포천 국립수목원)

정지비행을 하면서 씨를 빼 먹는 노랑딱새(2024. 10. 17. 오전 10:43, 경기 포천 국립수목원)

은폐된 나뭇가지에 숨어 있는 노랑딱새
1) 수컷 어린 새(2024. 10. 17. 오전 9:43, 경기 포천 국립수목원)
2) 암컷(2024. 10. 17. 오전 10:09, 경기 포천 국립수목원)

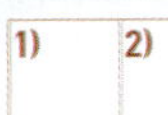

비 오는 날 암컷의 먹이 활동
(2024. 10. 22. 오전 11:42, 경기 포천 국립수목원) 비 오는 날은 새들의 활동이 활발하지 않지만 큰비가 아니라면 간간이 먹이 활동을 하러 열매 나무를 찾아온다.

동박새 채식주의자

탐조 안내

동박새는 몸의 크기에 비해 에너지 소모가 많은 대표적인 소형 조류다. 이러한 새들은 에너지 효율이 높은 꿀을 좋아하며, 특히 동백꽃 꿀을 좋아한다. 동박새라는 이름도 여기에서 비롯된다. 그러나 사실 이 새의 가장 두드러진 특징은 눈 주변을 동그랗게 둘러싼 흰색 고리다. 동박새의 학명 'Zosterops'도 그리스어에서 '둥근 띠를 가진 눈'을 의미한다.

동박새가 즐겨 찾는 동백나무는 곤충이 거의 없는 늦가을에서 초봄 사이에 꽃이 핀다. 동백나무가 그럼에도 열매를 맺는 것은 바로 이 동박새가 동백나무꽃의 수정을 도와주기 때문이다. 그 생태 특성으로 보면 이름 하나는 정말 잘 지어준 셈이다.

어쨌든 동박새는 꿀이 있는 곳을 찾아다니고, 꿀이 없으면 달콤한 과일을 찾아 나선다. 이른 봄 벚꽃이 피기 시작하면 어김없이 동박새가 찾아오고, 가을 홍시가 열리는 감나무에는 그 누구보다 빨리 그리고 오래 감나무를 찾아와 달콤한 식사를 즐긴다. 동박새는 거미나 곤충 같은 동물성 먹이도 먹지만 주로 꽃의 꿀을 따 먹기를 즐긴다. 이러한 속성을 알았는지 노벨문학상 수상자인 한강 작가는 그의 소설 《채식주의자》에 동박새를 등장시켰다.

동박새는 우리나라에서는 주로 남부 해안이나 도서 지역에서 관찰되었지만 지금은 중부지방에서도 쉽게 관찰된다. 시기적으로 1년 내내 볼 수 있는 생활친화형 새이지만 유독 새가 귀한 가을철이면 더욱 큰 관심과 사랑을 받는다.

 **탐조하기**

이른 봄 벚꽃을 찾아온 동박새 (2024. 3. 10. 오전 9:53~10:23, 부산 부산배화학교) 이곳은 우리나라에서 아주 일찍 벚꽃이 피는 곳 중 하나다.

작은 계곡에 물을 마시러 온 동박새(2024. 4. 22. 오전 7:40, 인천 월미도공원)

한여름에 공원에서 더위를 식히는 동박새(2024. 8. 29. 오후 5:33, 제주 환상숲 곶자왈공원)

▲ 산초 열매를 따 먹는 동박새(2024. 10. 16. 오전 10:37, 경기 포천 국립수목원)

◀ 벌레집을 파먹는 동박새(2024. 10. 16. 오후 12:19, 경기 포천 국립수목원)

▼ 감나무를 찾아온 동박새(2023. 10. 30. 오전 9:03~10:45, 충남 서산)

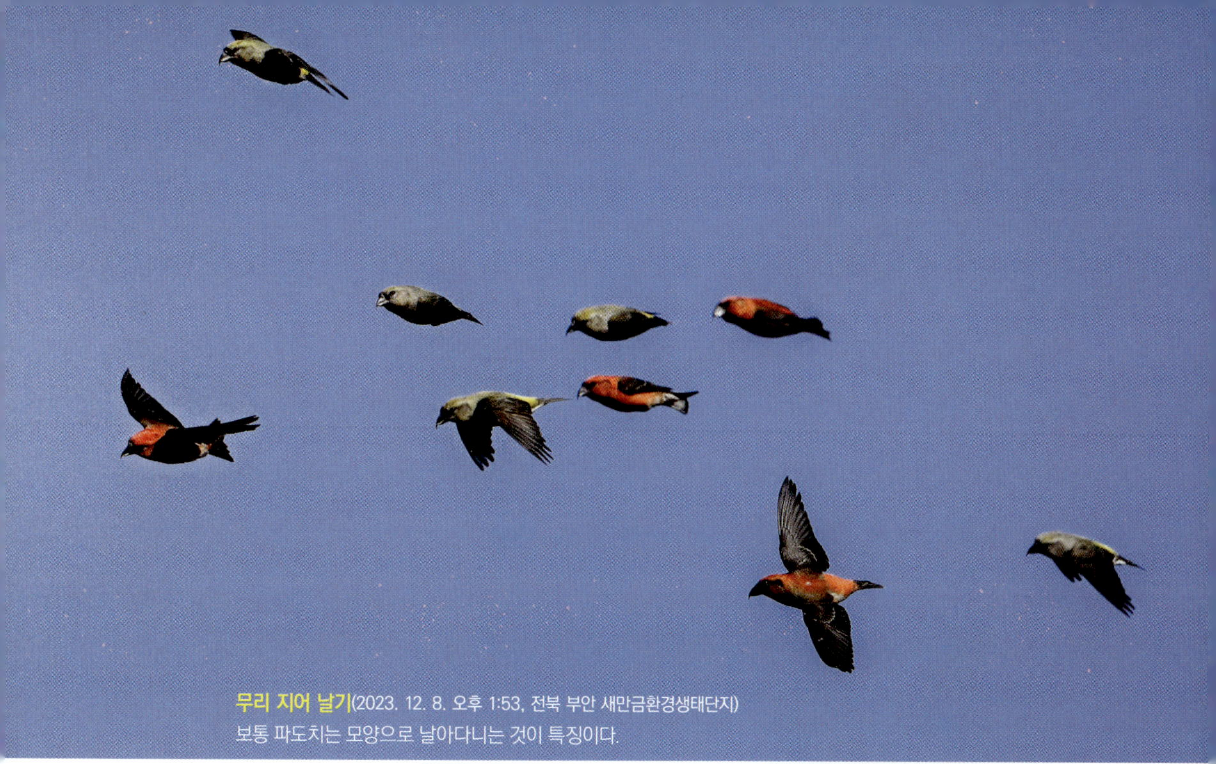

무리 지어 날기(2023. 12. 8. 오후 1:53, 전북 부안 새만금환경생태단지)
보통 파도치는 모양으로 날아다니는 것이 특징이다.

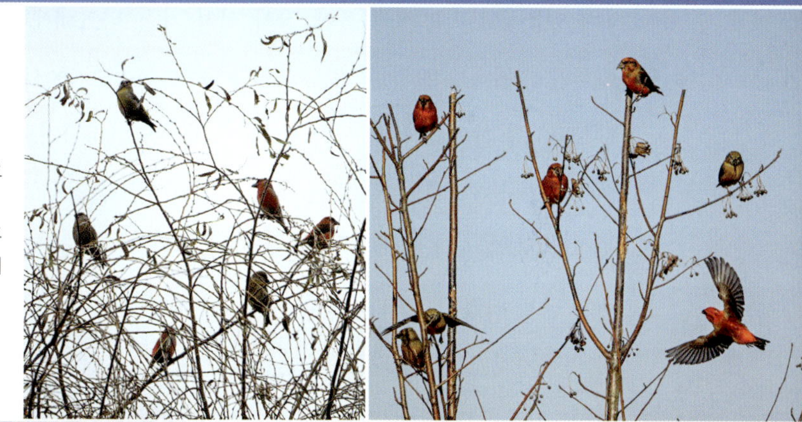

1) 2)

무리 지어 쉬기
1) 2023. 11. 15. 오후 1:47, 인천 강화
2) 2023. 12. 8. 오후 2:21, 전북 부안 새만금환경생태단지

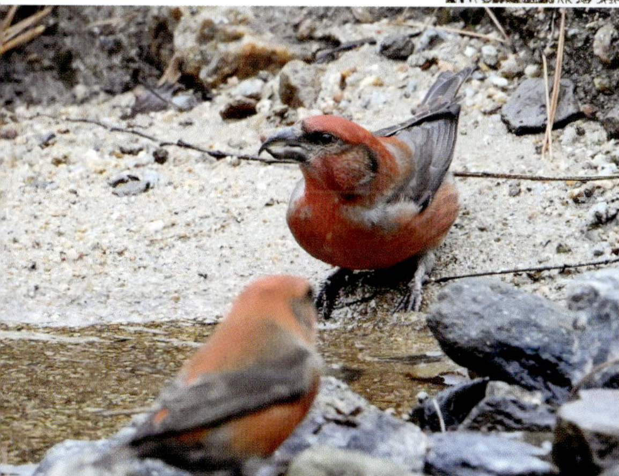

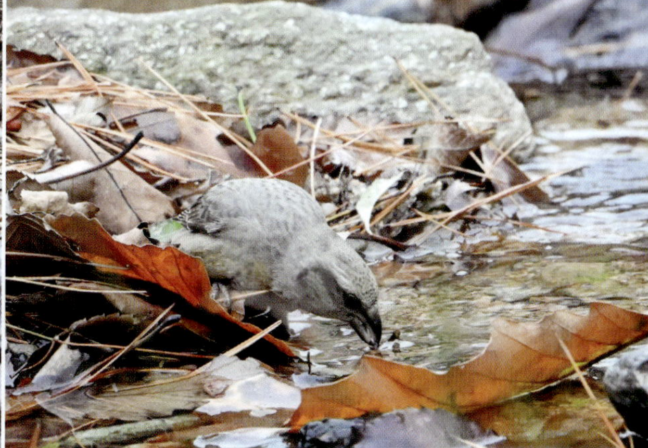

무리 지어 물 마시기(2023. 11. 15. 오후 1:54, 인천 강화)

진홍가슴 예측 가능한 습성

 **탐조 안내**

진홍가슴은 우리나라의 경우 북부지방과 고산지대에서는 여름철새이지만 남부지방에서는 봄과 가을에 잠시 거쳐 가는 나그네새다. 자료상으로는 겨울철인 12월에도 관찰한 기록이 있다. 주로 어청도 등 서해안 도서 지역에서 관찰되지만 아주 드물게 서울 등 내륙 지역에 나타나기도 한다. 필자의 경우도 진홍가슴을 처음으로 만난 것은 인천의 미추홀공원에서였다. 도시공원에서 다른 새를 탐조하던 중 우연히 만나 두 시간여 동안 진홍가슴 수컷을 사진에 담게 되었다. 그러나 워낙 우리나라에 머무는 시간이 짧기 때문에 우연히 마주치지 않는 한 진홍가슴을 만나기는 그리 쉽지 않다.

진홍가슴은 빠르게 걷는 습성이 있어 대개 지형이 평탄하면서 주변에 몸을 숨길 수 있는 풀숲이나 관목이 있는 곳을 선호한다. 그 특유의 걸음으로 총총거리며 돌아다니다가 사람이 나타나면 수풀 속으로 얼른 들어가 숨어 있다가 주변이 조용해지면 다시 톡 튀어나와 먹이 활동을 한다. 경계심이 강하지만 활동 영역이나 이동 경로가 거의 일정하므로 참을성 있게 기다리면 진홍가슴을 다시 만날 수 있는 확률이 매우 높다. "한 번도 못 본 사람은 많지만 한 번만 본 사람은 없다"는 말은 바로 진홍가슴을 두고 하는 말이기도 하다.

 **탐조하기**

가을철 관목림에서 만난 진홍가슴(2023. 11. 4. 오후 2:20~23, 인천 미추홀공원)

작은 풀숲에 몸 숨기기(2023. 11. 4. 오후 2:33~57, 인천 미추홀공원)

먹이 활동(2023. 11. 4. 오후 2:09~3:34, 인천 미추홀공원)

바위 위로 뛰어다니기(2023. 11. 4. 오후 2:49, 인천 미추홀공원)

봄철 이른 아침 풀밭으로 내려와 먹이를 구하는 진홍가슴

1) 2025. 4. 27. 오전 11:16, 전북 군산 어청도
2) 2025. 4. 28. 오전 9:32, 전북 군산 어청도

무당새를 만난 진홍가슴

(2025. 4. 28. 오전 9:32, 전북 군산 어청도) 육지에서는 보기 힘든 진귀한 새 두 마리가 우연히 만났다. 잠시 신경전을 벌이지만 진홍가슴의 판정패로 마무리되었다.

되새
자발적 이산가족

 **탐조 안내**

되새는 대표적인 겨울철새 중 하나다. 처음 보는 사람에게는 얼핏 '화려한 참새'로 보이기도 하는데 필자 역시 그랬다. 대개의 새처럼 수컷이 더 화려하고 암컷은 상대적으로 수수하다. 그래서인지 북한에서는 '꽃참새'로 불린다. 여름철 수컷은 특히 머리부터 등까지 검은색이 뚜렷하여 그렇지 않은 암컷과 쉽게 구별되지만 겨울철에는 수컷의 검은색이 엷어지면서 암컷과의 구별이 쉽지 않다.

철새는 기후변화에 민감하게 반응한다. 겨울이 되면 따뜻한 남쪽 나라로 긴 여행을 떠난다. 그런데 되새류 중에서도 푸른머리되새(*Fringilla coelebs*)는 아주 특이한 이동 행태를 보인다. 지금까지 국내 미기록종이었던 푸른머리되새는 2016년 11월 10일 전남 신안 흑산도에서 암컷 한 개체가 처음 길잃은새로 관찰되었고, 2025년 6월 개정판《한국조류목록》에 새로운 종으로 공식 등록되었다.

흥미롭게도 푸른머리되새 암컷은 겨울 여행을 떠나지만 수컷은 암컷 없이 홀로 그 자리에서 겨울을 지낸다. 이른바 '겨울 홀아비' 신세다. 단, 나이가

든 일부 암컷은 수컷 곁을 지킨다. 이 새의 종명 코엘렙스(*coelebs*)는 '홀아비 생활'을 뜻한다.

겨울에 푸른머리되새 암컷이 남쪽으로 이동하는 이유는 오로지 하나다. 곤충에서 양질의 단백질을 섭취하기 위함이다. 이는 암컷의 몸에서 알이 성장하는 데 필수적이다. 다 자란 알의 무게는 어미 몸의 3분의 1이나 되고 그 이상의 새도 있다니, 암컷에게 얼마나 단백질이 많이 필요한지 알 수 있다.

수컷이 여행을 떠나지 않는 이유는 암컷이 돌아올 때까지 씨앗 등으로 생존에 필요한 영양분을 섭취하면 되기 때문이다. 나이 든 암컷이 떠나지 않는 것은 저장된 에너지가 많기 때문이다. 사실 생존 자체만 놓고 보면 여행을 떠나는 것보다 그 자리에 남아 겨울을 보내는 것이 훨씬 유리하다. 그러나 암컷은 자신의 생존보다 몸속의 알을 키워내는 것이 우선이라 온갖 위험을 무릅쓰고 남쪽으로 향한다.

지빠귀도 암컷이 대부분 이동하고 수컷은 남는다. 겨울이 덜 춥고 눈이 많지 않을 때는 남아 있는 암컷 숫자가 늘어난다. 먼 거리를 이동하는 집단과 그대로 남는 집단 사이에 매우 유연하게 대응하는 새들이 있다. 찌르레기와 들종다리가 이런 부류다. 이들은 단지 날씨가 어떻게 변하는지에 따라 행동이 결정된다. 가을이 되면 여기저기 날아다니며 땅이 얼지 않거나 잠시만 어는 따뜻한 지역을 찾아 이동하지만 땅이 녹으면 바로 본래의 거주지로 되돌아온다.

탐조하기

느릅나무 열매 따 먹기(2023. 11. 19. 오후 12:40, 인천 미추홀공원)

물 마시기
1) 2023. 12. 19. 오후 12:03, 인천 월미산
2) 3) 4) 2025. 1. 25. 오후 12:09, 서울 마포구 평화의공원

1)	2)
3)	4)

새순 까먹기(2024. 3. 31. 오후 4:16, 경북 영천)

물가의 대화(2025. 1. 25. 오후 1:34, 서울 마포구 평화의공원) 둘이 어떤 관계인지, 뭐라고들 하는지 알아
들을 수는 없지만 표정이 무척이나 진지하다.

▲◀ **물속에서 날아오르기**(2025. 1. 25. 오후 1:36, 서울 마포구 평화의공원)

◀ **여름깃의 수컷**(2024. 2. 28. 오전 11:06, 경북 영천)

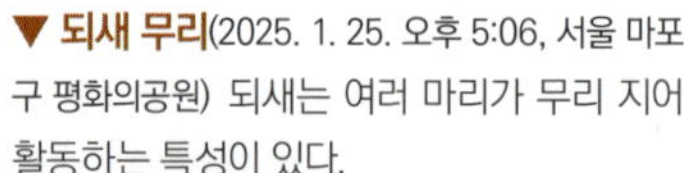

▼ **되새 무리**(2025. 1. 25. 오후 5:06, 서울 마포구 평화의공원) 되새는 여러 마리가 무리 지어 활동하는 특성이 있다.

상모솔새 새털처럼 가벼운 몸

상모솔새는 솔새류 중에서 머리(이마) 부분에 노랑 줄무늬가 있고 그 모습이 마치 농악대가 쓰는 모자, 즉 '상모'를 닮았다고 해서 붙인 이름이다. 그래서 영어명도 'Goldcrest'다. 수컷의 경우 노란색에 살짝 붉은색이 가미되어 좀 더 화려한 느낌이 든다.

상모솔새는 우리나라에서 굴뚝새와 함께 가장 작은 새 중 하나다. 몸길이는 10센티미터, 몸무게는 3그램 정도에 지나지 않는다. 반면 우리나라에서 가장 큰 새는 160센티미터의 두루미이고, 가장 무거운 새는 혹고니로 무려 16킬로그램에 달한다. 작다고 적게 먹는 것은 아니다. 에너지 소모가 많은 추운 겨울, 상모솔새는 사람으로 치면 매일 피자 27개 이상을 먹어 치운다고 한다.

지구상에서 가장 작은 새는 쿠바의 꿀벌벌새다. 수컷의 몸길이는 겨우 5센티미터이고 부리와 꽁지깃을 뺀 몸통은 2.5센티미터밖에 안 된다. 몸무게는 1.6~2그램에 지나지 않는다. 반면 가장 큰 새는 아프리카의 타조다. 수컷의 경우 몸길이 270센티미터에 몸무게는 150킬로그램이다. 타조의 안구 지름은 무려 5센티미터나 된다. 타조의 '눈에 넣어도 아프지 않은' 새가 바로 꿀벌벌새다. 새는 몸이 크고 무거울수록 잘 날지 못한다. 거대한 비행기가 이륙하기 위해 더 많은 에너지와 훨씬 긴 활주로가 필요한 것도 같은 이유다. 타조는 하늘을 나는 것을 포기하고 걸어 다니는 새가 되기를 택했다.

새의 정체성은 깃털에 있다. 새의 가장 큰 특징을 '나는 것'이라고도 할 수 있지만 박쥐나 모기처럼 새가 아니면서 나는 동물은 얼마든지 있다. 깃털의 가장 중요한 기능 중 하나는 보온이다. 상모솔새와 같은 작은 새를 비롯한 수많은 새가 매서운 겨울 추위를 견뎌내는 것은 바로 이 깃털 때문이다. 상모솔새는 몸집이 무척 작지만 두툼한 깃털 솜옷 덕분에 훨씬 통통하게 보인다. 상모솔새의 깃털은 전체 몸무게의 7퍼센트를 차지한다. 이 깃털로 인해 상모솔새 깃털 안쪽과 바깥쪽의 기온 차는 무려 78도나 된다.

훌륭한 보온재로서의 깃털은 새의 체온이 올라갈 때면 결정적인 약점이 될 수 있다. 그래서 새들은 깃털이 몸 전체를 감싸기는 해도 깃털의 뿌리 부분은 특정 부위에만 자라고 중간중간에 무깃 구역, 즉 깃털이 없는 맨살 부위가 있어 이런 약점을 극복한다. 즉, 체온이 올라가면 깃털을 들어 올려 맨살을 드러내어 몸의 열을 식히는 것이다.

이런 맨살 피부의 효과를 극대화하는 부분이 바로 새의 다리와 부리다. 갈매기와 왜가리는 맨살의 다리와 발에 20배의 혈류가 흐르면서 열을 발산한다. 날 때 다리를 밑으로 늘어뜨림으로써 이런 방열 효과를 더욱 높이는 새도 수십 종이나 된다.

부리에서도 다리와 똑같은 방열 효과가 나타난다. 큰부리새과의 하나인 토코투칸의 경우 부리로 흐르는 혈류는 몸 전체 열 발산의 무려 30~60퍼센트를 담당한다. 열대기후 지역의 새 중에 특별히 부리가 큰 종들은 이런 생태 특징과 관련이 있다. 반대로 밤이나 추운 날씨에는 이 부리를 깃털 속에 처박음으로써 열 손실을 막는다.

 **탐조하기**

수컷(2023. 11. 4. 오후 3:17, 인천 미추홀공원)

암컷(2023. 11. 4. 오후 3:17, 인천 미추홀공원)

▲ 물 마시기(2025. 1. 25. 오후 2:42, 서울 마포구 평화의공원)

◀ 목욕하기(2023. 11. 4. 오전 11:02, 인천 미추홀공원)

▼ 찔레나무를 찾아온 상모솔새(2025. 1. 25. 오후 2:03, 서울 마포구 평화의공원)

넓적부리도요 모래밭에서 바늘 찾기

탐조 안내

부리가 주걱처럼 넓적하게 생겼다고 해서 붙인 이름이다. 다른 도요들과 섞여 있을 때도 바로 이 독특한 부리로 쉽게 구별해낼 수 있다. 북한에서는 '주걱부리도요'라고 한다. 국제멸종위기종으로 분류되어 있고, 현재 세계적으로도 수백 마리 정도의 개체만 남아 있는 것으로 알려졌다.

우리나라에서는 봄과 가을에 통과하는 나그네새로 볼 수 있으며, 특히 가을에 주로 관찰된다. 그러나 탐조할 수 있는 장소가 매우 제한되어 있고 워낙 적은 수의 개체가 도래하기 때문에 쉽게 눈에 띄지 않는다.

넓적부리도요가 주로 관찰되는 곳은 서해 유부도, 동해 포항 해변, 제주 서귀포 해변 등이다. 이 가운데 거의 해마다 관찰되고 접근성이 높아 탐조인들이 즐겨 찾는 곳은 유부도이다. 내륙과 가까운 해안가에 위치한 이 섬은 만조 때가 되면 수많은 도요 무리가 해안 가까이까지 몰려와 장관을 이룬다. 유부도가 자리한 서해 바다는 넓적부리도요를 비롯한 도요 무리의 계절적 이동경로 중 세계에서 아주 중요한 중간 기착지 가운데 하나다.

유부도 탐조에서 가장 먼저 고려해야 할 요소는 물때다. 수많은 도요 무리가 해안 여러 곳에 흩어져 있다가 만조가 되면 바닷가로 몰려와 쉬거나 먹이 활동을 하는데 이 무리 속에 바로 넓적부리도요 몇 개체가 섞여 있는 것이다. 보통 만조 한두 시간 전에 현장에 도착해서 카메라를 세팅하고 기다리면 밀물과 함께 도요 무리가 해안으로 접근해 온다. 이 과정에서 수많은 도요 무리가 군무를 펼치는 모습도 카메라에 담을 수 있다.

그러나 문제는 그 많은 도요 무리 속에 섞여 있는 한두 마리의 넓적부리도요를 발견해내는 것은 그야말로 모래밭에서 바늘 찾기와 같다. 이럴 때는 여러 탐조인이 함께하는 것이 훨씬 유리하다. 그러나 옆 사람이 발견해서 그 위치를 알려주어도 실제로 본인이 그 개체를 찾아내는 것은 결코 쉽지 않다. 이럴 때는 개체가 있을 만한 장소를 집중 스캔 촬영한 다음 귀가 후 모니터에서 찬찬히 찾아보는 것도 하나의 방법이다. 이른바 '모니터 탐조'다. 필자 역시 유부도 탐조할 때 현장에서는 넓적부리를 찾아내지 못했지만, 귀가 후 모니터에서 한 개체를 우연히 발견하기도 했다.

유부도처럼 여러 도요 무리 속에 섞여 있지 않고 한두 개체가 독립적으로 도래하는 지역에서는 훨씬 탐조가 수월하다. 그 대표적인 곳 중 하나가 바로 제주 서귀포 해변이다. 2025년 10월, 약 10여 년 만에 제주 표선해변에 넓적부리도요 1개체가 나타나 큰 화제가 되었다. 표선해변은 간조 시에 넓은 모래땅이 드러나는데 넓적부리도요가 이곳에서 거의 같은 장소에 머물며 단독으로 먹이 활동을 했다. 흥미롭게도 이 개체는 크게 사람들을 의식하지 않아 아주 가까운 거리에서 관찰하고 사진을 찍을 수 있었다. 유부도의 넓적부리와는 완전히 상황이 다른 탐조였다.

유부도와 표선해변의 넓적부리도요 탐조 사례는 새들의 자연생태계가 우리가 생각하는 것 그 이상으로 훨씬 복잡하고 다양함을 보여준다.

탐조하기

유부도

유부도는 행정구역상 충남 서천에 속하지만 섬으로 들어가려면 전북 군산항 유부도 선착장에서 5분 정도 배를 타야 한다.

만조가 가까워지면서 해안 근처에서 군무를 펼치는 도요 무리

1) 2025. 10. 8. 오후 2:33, 충남 서천 유부도
2) 2025. 10. 8. 오후 4:25, 충남 서천 유부도

도요 무리 속에 섞여 있는 넓적부리도요 1)-A

(2025. 10. 8. 오후 4:44, 충남 서천 유부도) 러
시아에서 부착한 'P9' 가락지를 달고 있는 1)-B
이 개체는 현장에서 일부 탐조인이 발견하 2)
기는 했지만 필자는 결국 확인하지 못한 채
촘촘히 스캔 촬영해둔 사진을 이용해 귀가
후 '모니터 탐조'로 발견했다.

1) 모니터 탐조

   A. 스캔 촬영한 사진 중 하나

   B. 모니터 탐조로 발견한 개체

2) P9 가락지가 달린 모습

1)	2)
3)	4)
	5)
6)-A	6)-B	6)-C

먹이 활동 넓적부리도요는 주로 여러 종류의 게를 잡아먹는다. 겨우 몇 미터 떨어져 사람들이 있는데도 전혀 개의치 않고 먹이 활동에만 열중하는 것이 정말 신기하다.

1) 2025. 10. 10. 오후 4:25, 제주 표선해변
2) 2025. 10. 11. 오후 4:39, 제주 표선해변
3) 2025. 10. 10. 오후 3:39, 제주 표선해변
4) 2025. 10. 13. 오전 8:45, 제주 표선해변
5) 2025. 10. 13. 오전 11:06, 제주 표선해변
6) 2025. 10. 10. 오후 4:21, 제주 표선해변:
  게에 묻은 모래를 털어내려고 입에 물고 세게 흔들다가 그만 게가 입 밖으로 튕겨 나가고 말았다.

쉼터로 날아가기(2025. 10. 13. 오후 5:05, 제주 표선해변) 넓적부리도요의 먹이 활동은 물이 빠진 시간 동안 이어지다가 만조가 되거나 해가 넘어가면 다른 도요 무리와 함께 쉼터로 날아간다.

방어 행동(2025. 10. 10. 오후 4:13, 제주 표선해변) 사람들을 의식하지는 않지만 가끔 아이들이 물장구를 치며 다가올 때는 먹이 활동을 멈추고 그 자리에 엎드려 잠시 방어 자세를 취하기도 한다. 그러나 채 1분을 넘기지 않고 다시 먹이 활동을 이어간다.

먹이터(2025. 10. 13. 오후 4:45, 제주 표선해변) 넓적부리도요는 다리가 살짝 잠길 만큼의 얕은 물가를 좋아한다. 잠시 다른 장소로 이동했다가도 다시 원래의 먹이터로 돌아오는 습성이 있어 일단 그 위치를 찾아내기만 하면 비교적 쉽게 관찰하고 사진을 찍을 수 있다.

외출(2025. 1. 21. 오후 1:12, 전북 김제) 먹이 활동을 위해 휴식처를 떠나고 있다.

먹이 탐색(2024. 11. 14. 오후 1:26, 충남 서산) 공중을 선회하던 검독수리가 낮게 날면서 먹잇감을 찾고 있다. 잠시 후 논두렁에 내려앉았지만 먹이 사냥에는 실패하고 다른 장소로 이동했다.

내려앉기(2023. 12. 9. 오전 9:58, 전북 김제) 공중을 선회하다가 먹잇감을 발견하고는 바로 땅으로 내려앉는다.

고라니 뜯어 먹기(2023. 12. 7. 오후 12:53, 전북 김제) 몇 년 전부터 이곳에서는 로드킬(roadkill)을 당한 고라니를 거두어 검독수리 먹이로 제공한다.

날아오르기(2023. 12. 7. 오후 12:53, 전북 김제)

자세히 살펴볼 기회(2023. 12. 09. 오전 10:27, 전북 김제) 논에 내려앉았지만 먹을 것이 없자 검독수리는 성큼성큼 걸어서 다른 장소로 이동해 또 다른 먹잇감을 찾는다. 이때가 검독수리 몸의 특징을 아주 가까이서 세심하게 살펴볼 수 있는 좋은 기회이다. 검독수리의 정체성 중 하나는 머리에서 뒷목에 이르는 부분의 황금색 깃털이다. 흰색 꽁지깃도 특징이지만, 이 부분은 흰꼬리수리 유조와 비슷하다. 검독수리와 흰꼬리수리를 비교할 때 가장 큰 차이점 중 하나는 흰꼬리수리와는 달리 검독수리는 깃털이 발목까지 덮는다는 점이다.

먹잇감 찾기(2023. 12. 10. 오후 12:21, 전북 김제) 말똥가리 사체를 발견했지만 먹을 만한 것이 없자 한참을 이리저리 흔들어보고 있다.

식사 시간 대개의 새처럼 검독수리도 오전에 한 번, 오후에 또 한 번의 식사를 즐긴다. 시간대는 조금씩 달라지기는 하지만 대체로 그렇다. 탐조에서는 이들의 식사 유형을 파악하는 것이 무엇보다 중요하다.
1) 오전 식사(2025. 1. 21. 오전 10:38, 전북 김제)
2) 오후 식사(2025. 1. 21. 오후 4:44, 전북 김제)

관련이 있는 것으로 판단된다.

우리나라를 찾는 대부분의 흰꼬리수리는 겨울이 끝나는 2월 말이면 서서히 고향으로 돌아갈 준비를 한다. 이 시기에는 남쪽 지방의 개체들이 중부 쪽으로 이동해서 무리를 이루어 점차 북상하는 것으로 알려졌다. 실제로 2월 중순부터 남쪽의 개체들은 줄어들고 상대적으로 중부지방의 개체들이 늘어나는 현상을 관찰할 수 있다.

이런 상황에서는 먹잇감에 비해 상대적으로 개체수가 많으므로 흰꼬리수리 사이 혹은 갈매기와 같은 다른 새들 사이의 먹이다툼이 고조되기도 한다. 이런 이유에서인지 간혹 사냥한 작은 물고기를 공중에서 선회하면서 먹어 치우는 장면도 관찰된다.

 **탐조하기**

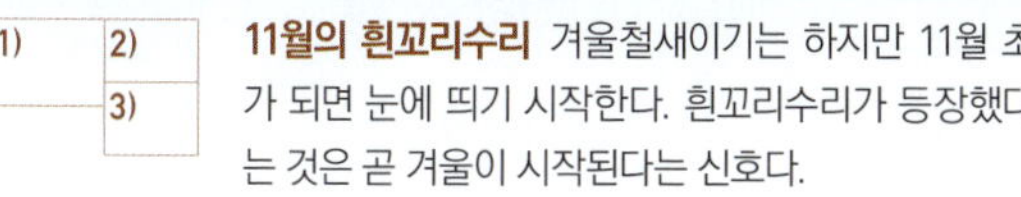

11월의 흰꼬리수리 겨울철새이기는 하지만 11월 초가 되면 눈에 띄기 시작한다. 흰꼬리수리가 등장했다는 것은 곧 겨울이 시작된다는 신호다.
1) 성조(2024. 11. 10. 오후 12:55, 경기 광주 분원리)
2) 성조(2024. 11. 10. 오후 12:55, 경기 광주 분원리)
3) 어린 새(2023. 11. 7. 오후 3:24, 경기 광주 분원리)

불편한 이웃 참수리(2024. 12. 23. 오전 8:29~30, 경기 남양주 팔당) 흰꼬리수리와 참수리의 활동 영역이 겹치면 둘 사이에 먹이다툼이 일어나기도 한다. 대개는 참수리의 판정승으로 끝난다.

<table>
<tr><td>1)-A</td><td>1)-B</td></tr>
<tr><td colspan="2" align="center">1)-C</td></tr>
</table>

불편한 이웃 까마귀와 까치
1) 까마귀의 모빙(2023. 11. 29. 오전 9:46, 전북 김제)

2) 먹잇감을 노리는 까마귀와 까치(2025. 2. 14. 오전 7:46, 강원 강릉 남대천)

1)-A	1)-B
1)-C	1)-D
	1)-E

불편한 이웃 갈매기

1) 2025. 2. 4. 오후 2:22, 강원 강릉 남대천: 갈매기는 흰꼬리수리의 적수가 되지 못하지만 흰꼬리수리가 물고기를 사냥해 날아오르면 어디선가 날아와 애써 잡은 물고기를 빼앗아보려는 듯 달려들기도 한다.

2) 2025. 2. 4. 오후 2:21~22, 강원 강릉 남대천: 흰꼬리수리가 먹잇감을 가지고 있지 않음에도 갈매기 한 마리가 끈질기게 뒤를 따르며 귀찮게 공격한다. 머리 위에서 똥을 갈기기도 하고 직접 위협을 가하기도 하지만 흰꼬리수리는 일절 대응하지 않고 그 자리를 피하는 것으로 둘의 다툼은 종결된다. 이러한 상황은 바닷가와 만나는 강 하구의 지리적 특성상 갈매기와 흰꼬리수리의 먹이 활동 영역이 겹치는 것에서 비롯되는 것으로 보인다.

갈매기 사냥(2025. 2. 12. 오후 3:03, 강원 강릉 남대천) 공중을 선회하던 흰꼬리수리 어린 새 수컷 한 마리가 주변을 날아다니던 갈매기 한 마리를 벼락같이 낚아챈다. 지금까지 관찰된 사례가 없는 희귀한 모습이다. 자연의 세계는 알면 알수록 신비롭기만 하다. 그러나 흰꼬리수리가 감당하기에 갈매기가 너무 무거웠던지 갈매기는 흰꼬리수리의 날카로운 발톱에서 빠져나가 구사일생으로 살아났다.

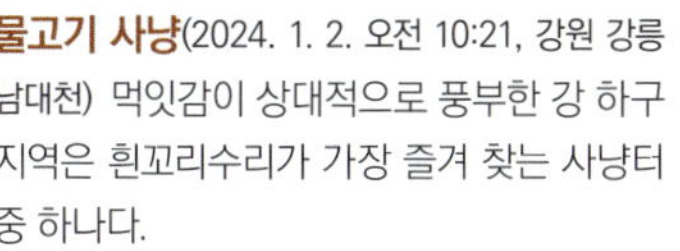

물고기 사냥(2024. 1. 2. 오전 10:21, 강원 강릉 남대천) 먹잇감이 상대적으로 풍부한 강 하구 지역은 흰꼬리수리가 가장 즐겨 찾는 사냥터 중 하나다.

◀ **전어 사냥**(2024. 2. 18. 오전 9:18, 전북 부안) 출현하는 물고기에 맞춰 흰꼬리수리의 사냥감도 달라진다. 바닷가에서는 전어 무리가 나타나는 시기에 흰꼬리수리가 무리 지어 날아와 서로 먹이경쟁을 벌이는 진풍경이 벌어진다.

먹이다툼

1) 2024. 2. 16. 오후 2:06, 전북 부안: 전어 한 마리를 놓고 공중전이 벌어진다. 엎치락뒤치락하는 사이 전어는 물속으로 사라지고, 한 녀석이 얼른 쫓아 내려가 보지만 헛수고로 끝난다.

2) 2023. 3. 9. 오후 12:10, 경기 파주: 한 마리가 먹잇감을 물고 날자 다른 흰꼬리수리들이 동시에 달려와 먹이다툼을 벌인다.

사냥 놀이 때로는 먹잇감과 관계없이 사냥 놀이를 즐기는 모습도 볼 수 있다.
1) 2024. 2. 16. 오후 2:03, 전북 부안
2) 2024. 1. 19. 오후 12:06, 인천 강화
3) 2025. 2. 12. 오후 3:04, 강원 강릉 남대천

짝짓기(2025. 2. 12. 오전 10:01, 강원 강릉 남대천) 모래톱에 앉아 있는 암컷에게 수컷이 날아와 짝짓기를 시도했지만 어떤 이유에서인지 암컷이 거부하면서 짝짓기는 실제로 이루어지지 않았다.

함께하는 커플(2025. 2. 12. 오전 10:53, 강원 강릉 남대천) 실제로 짝짓기가 이루어지지 않더라도 2월 중순이 넘어가면서 흰꼬리수리 커플은 함께하는 시간이 늘어난다. 이 사진은 하늘로 낯선 흰꼬리수리가 날아가자 동시에 신경을 곤두세우고 경계 태세를 취하는 모습이다.

떠날 채비 봄이 되면 흰꼬리수리는 몇몇 장소에 모여 힘을 비축하며 떠날 채비를 한다. 매호가 그중 한 곳이다. 매호는 지리학 용어로 석호에 해당하는 바닷가 호수다. 바다로 연결된 수역은 얼음이 얼지 않고 내륙 쪽은 얼어 있는 상태다. 흰꼬리수리는 물속에서 물고기를 사냥해 대개 얼음 위에 내려앉아 뜯어 먹는다.

1) 2025. 2. 18. 오후 4:24, 강원 양양 매호
2) 2025. 2. 18. 오후 4:13, 강원 양양 매호
3) 2025. 2. 18. 오전 7:19, 강원 양양 매호

물고기 사냥(2024. 12. 23. 오전 8:07, 경기 남양주 팔당)

흰꼬리수리의 먹이 빼앗기(2024. 12. 23. 오전 8:30, 경기 남양주 팔당) 대개 스스로 먹이를 사냥하지만 가끔은 이렇게 쉬운 방법을 택하기도 한다.

1)	
	2)-A
2)-B	2)-C

사냥한 물고기를 먹이터로 가져가는 참수리

1) 2023. 2. 16. 오후 1:42, 경기 남양주 팔당

2) 2023. 12. 26. 오후 1:44, 경기 남양주 팔당

쉼터로 돌아가기(2024. 11. 25. 오전 9:22, 경기 광주 분원리) 참수리는 특정 장소를 몇 곳 정해놓고 휴식을 취하거나 잠을 잔다. 대부분 시야가 확보되고 주변보다 높은 나뭇가지를 선호한다. 사냥을 나갔다가도 참수리는 대개 보금자리로 돌아와 밤을 보낸다.

저녁에 만난 황새(2024. 11. 15. 오후 4:58~5:03, 충남 서산)

◀▲ **먹이 활동**(2024. 11. 15. 오후 4:29, 충남 서산) 논두렁에서 커다란 드렁허리 한 마리를 사냥했다. 너무 커서 그런지 아니면 이런 야생의 먹잇감을 처리하는 것이 익숙하지 않아서인지 드렁허리를 목구멍으로 넘기는 데 꽤 긴 시간이 걸렸다.

황새 한 쌍(2024. 11. 14. 오전 11:27, 충남 서산) 인식표를 단 황새와 그렇지 않은 황새가 하루 종일 함께 움직이며 먹이 활동을 하고 있다. 황새의 개체 증식이 성공적으로 이루어지고 있음을 보여준다.

포란(2025. 2. 24. 오후 2:08~4:29, 충남 예산군 광시면 대리) 포란 중 어미는 잠시 일어나 몸도 풀고 똥도 싸지만 무엇보다 둥지 손질을 게을리하지 않는다.

늦은 포란(2025. 3. 31. 오후 1:27, 충남 예산군 광시면 장전리) 예산, 서산 일대의 몇몇 황새 둥지보다 상대적으로 늦은 시기에 포란을 하고 있다.

육추: 먹이 보채기(2025. 3. 27. 오후 12:23~1:58, 충남 예산군 광시면 대리) 포란 후 한 달여 만에 새끼 두 마리가 태어났다. 어미와 아비 새는 모두 인식표를 달고 있다. 인공부화 후 자연 방사한 황새들이 자연에 잘 적응해 가고 있음을 보여준다.

육추: 걸음마 배우기(2025. 3. 27. 오후 1:59, 충남 예산군 광시면 대리)

육추: 교대로 돌보기 (2025. 3. 25. 오후 2:03~04, 충남 예산군 광시면 대리) 인식표 C71번(2019년생, 암컷, 이름 화목)이 둥지를 지키고 있었고, 관찰 시작 약 두 시간 후 H51번(2022년생, 수컷, 이름 샛강)이 먹이를 물고 들어왔다. 둘은 반갑게 인사를 나누고 H51번이 아기 새들에게 먹이를 게워주는 모습을 1분여 동안 보고 있던 C71번은 휴식과 먹이 활동을 위해 둥지 밖으로 날아갔다. 이후 H51번이 교대로 새끼들을 돌보기 시작했다.

건강한 유전자(2025. 3. 30. 오후 5:05, 충남 서산 버드랜드) 한국 태생의 암컷과 외국 태생의 수컷 사이에서 4마리의 새끼가 태어났다. 첫째는 설날 태어났다고 해서 '설'이라 부른다. 사람으로 말하자면 근친결혼을 벗어난 이 커플의 자녀는 더욱 건강한 유전자를 지녔을 것이다.

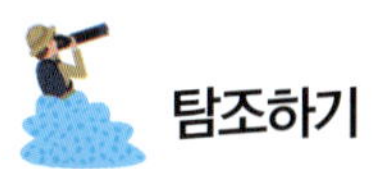

탐조하기

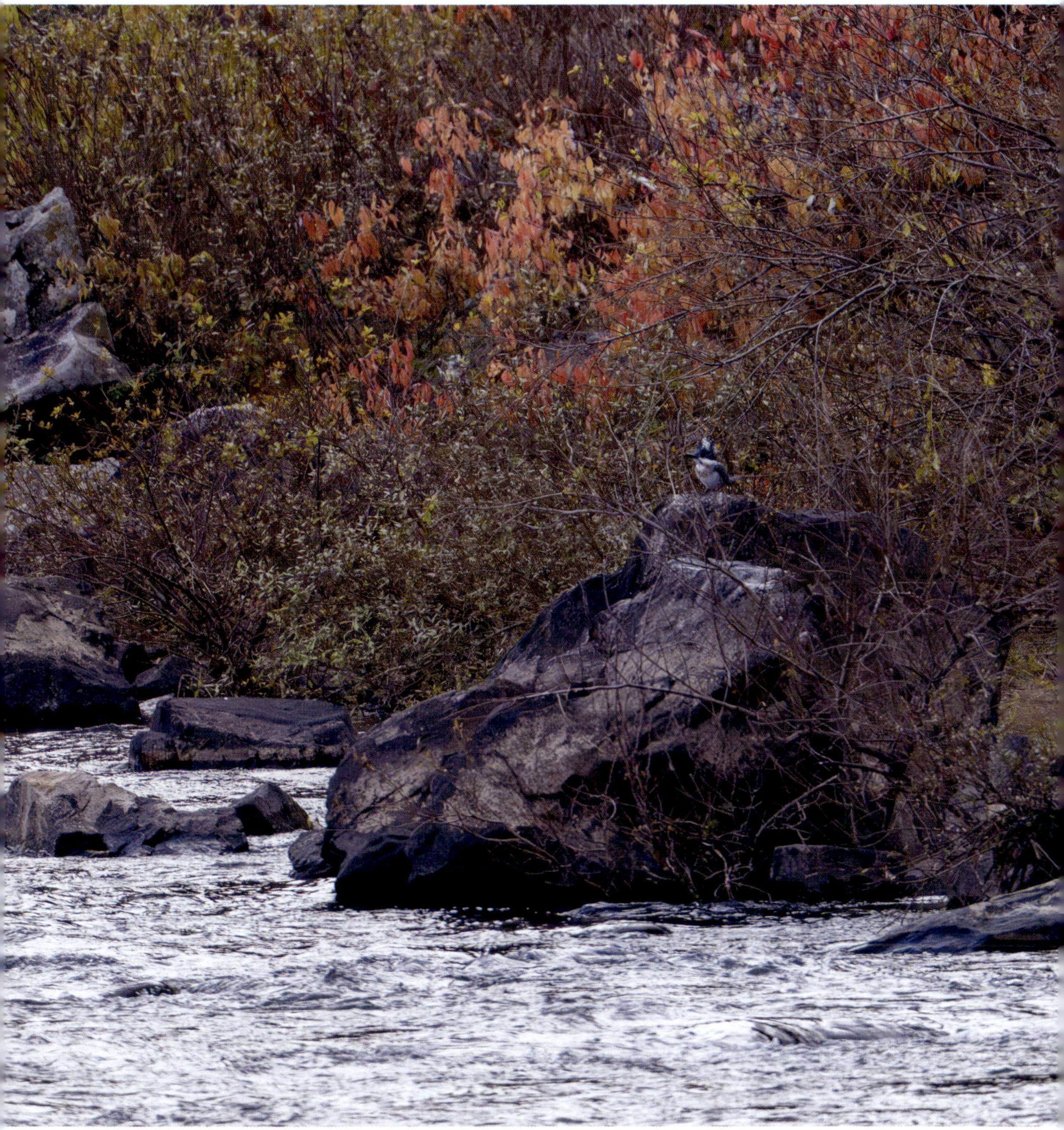

불호반새 먹이터 풍경(2024. 12. 3. 오후 3:23, 경남 산청) 하천이 곡류하면서 여울을 만드는 곳이다. 사진의 중앙 아래쪽 바위 위에 뿔호반새가 앉아 있다.

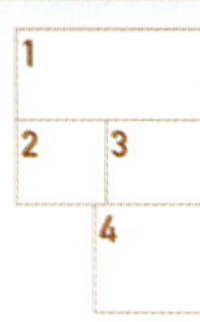

1. 휴식(2025. 1. 1. 오전 9:32, 경남 함양) 물고기를 사냥하기 전 돌출된 작은 돌 위에 앉아 휴식을 취하고 있다.

2. 다른 바위로 자리 옮기기 (2024. 12. 12. 오후 4:12, 경남 산청)

3. 먹이터 근처 나무 위에서의 휴식(2024. 12. 30. 오후 5:17, 경남 함양)

4. 먹이터 근처 바위에 앉아 쉬기(2024. 12. 1. 오후 3:51, 경남 산청)

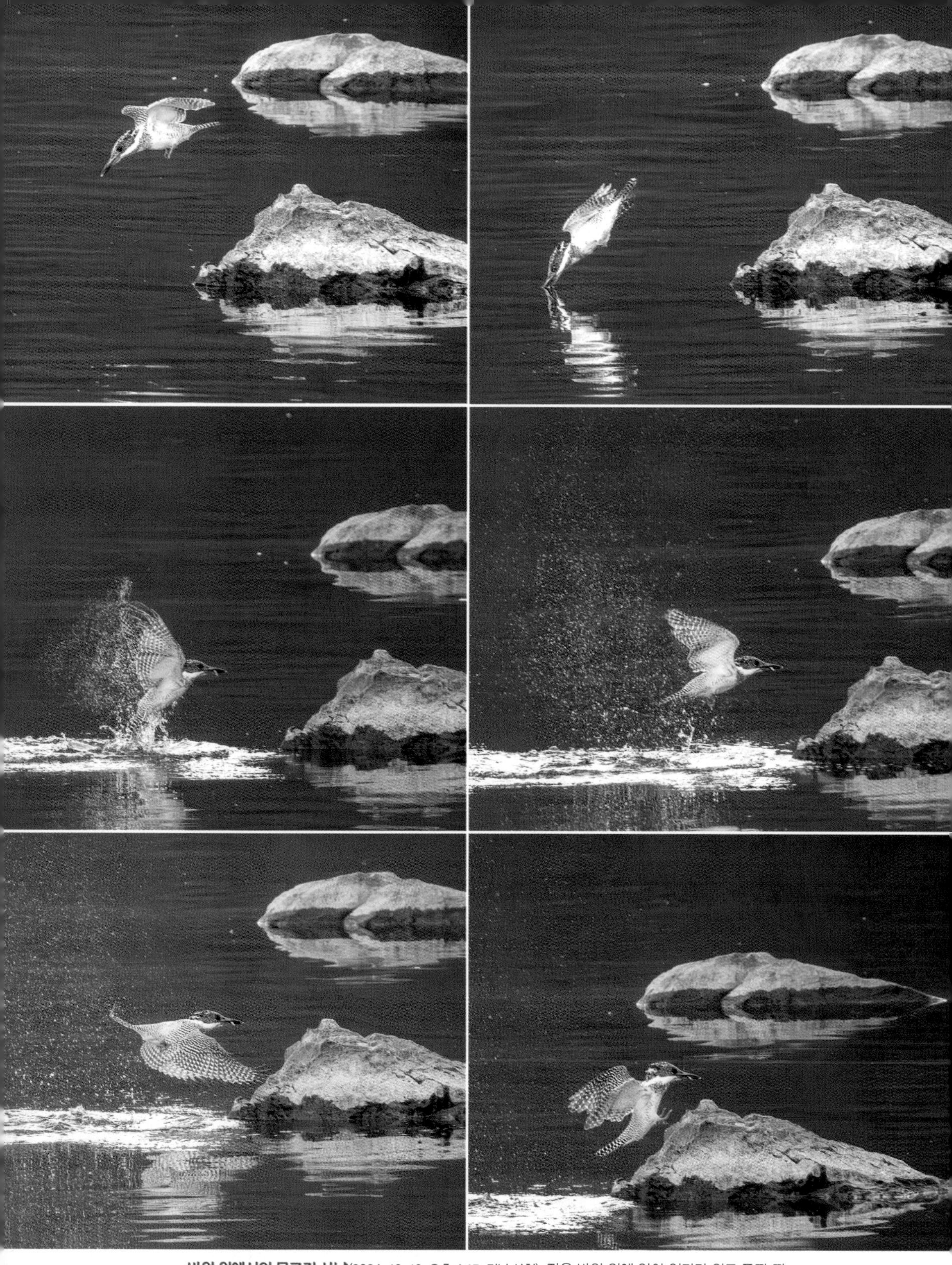

바위 위에서의 물고기 사냥(2024. 12. 12. 오후 4:15, 경남 산청) 작은 바위 위에 앉아 있다가 위로 폴짝 뛰어올라 물속으로 뛰어들어 물고기를 잡는다.

사냥 준비(2025. 1. 1. 오전 9:35, 경남 함양) 사냥을 하기 위해 높은 나뭇가지로 자리를 옮기고 있다.

나뭇가지 위에서의 물고기 사냥(2025. 1. 1. 오전 9:32, 경남 함양) 나뭇가지 위에서 수직으로 뛰어내려 물고기를 잡는다. 잡은 먹이는 조금 떨어진 작은 바위 위로 날아가 앉아 잠시 숨을 돌린 뒤 천천히 삼킨다.

물속에서 수초를 물고 나오는 뿔호반새 (2024. 12. 17. 오후 3:55, 경남 산청) 사냥을 하긴 했는데 물고기가 아닌 수초 하나를 물고 올라왔다. 실수였는지 일부러 사냥 연습을 해 본 건지는 모르겠지만 흔히 볼 수 있는 풍경은 아니다.

물고기 패대기치기(2024. 12. 17. 오후 3:52, 경남 산청) 잡은 물고기는 바위나 나뭇가지에 앉아 삼키는데 이 과정에서 바위나 나뭇가지에 물고기를 패대기쳐 숨을 죽이는 진기한 모습을 관찰할 수 있다. 이러한 행동은 물총새과 새들의 공통적인 특성이기도 하다.

사냥할 때의 물보라
(2024. 12. 12. 오후 4:14, 경남 산청) 사냥할 때 뿔호반새가 입수와 출수를 하면서 일으키는 거대한 물보라는 뿔호반새 탐조의 또 다른 볼거리이다.

낮게 나는 뿔호반새(2024. 12. 13. 오후 3:44~45, 경남 산청) 뿔호반새는 물 위나 지면 위로 낮게 나는 습성이 있다.

뿔호반새 수컷의 특징 뿔호반새의 암수 구별 지표 중 하나는 마치 목걸이를 건 듯한 가슴 줄무늬의 색
이다. 줄무늬 색은 암컷은 회색, 수컷은 갈색이다.
1) 2024. 12. 12. 오후 4:14, 경남 산청
2) 2024. 12. 30. 오후 5:16, 경남 함양

뿔호반새의 반영(2025. 12. 30. 오후 5:16, 경남 함양) 뿔호반새는 주로 물이 잔잔하고 얕은 곳에서 사냥을 하므로 사냥 과정에서 뜻하지 않은 반영 장면을 촬영할 수 있다.

뿔호반새의 그림자 반영(2025. 1. 2. 오전 11:02, 경남 함양) 빛 각도만 잘 맞으면 뿔호반새의 그림자와 그 반영도 촬영할 수 있는 기회가 주어진다.

황여새 노란색 꽁지깃

탐조 안내

황여새는 우리나라를 찾는 드문 겨울철새 중 하나다. 여새과의 새 중 꽁지깃 끝부분이 노란색이라서 이런 이름을 얻었다. 꽁지깃이 붉은색인 것은 '홍여새'라고 해서 따로 구분한다. 황여새와 홍여새는 무리 지어 활동하는데 다수의 황여새 무리에 소수의 홍여새가 섞여 있거나 그 반대인 경우도 있다.

이들은 주로 높은 곳을 좋아해서 먹이 활동을 위해 잠시 작은 나뭇가지나 땅으로 내려앉는 때를 제외하고는 대개 높은 나무에서 놀고 쉬며 한가한 시간을 보낸다.

황여새(2026. 2. 17. 오후 3:41, 대구 군위)

탐조하기

◀▲ **황여새 무리**(2024. 1. 28. 오전 10:02~11:00, 경기 양평) 황여새 200여 마리가 무리 지어
나타나 마을 체육공원 산수유나무에서 활발히 먹이 활동을 하고 있다. 보통 수십 마리가 떼
를 지어 다니지만 이 정도의 규모로 무리 짓는 것은 상당히 이례적이다.

무리에서 떨어져 나온 황여새 대부분 황여새는 무척 분주하게 움직이거나 무리 지어 앉아 있는 것이 보통인데 가끔은 이렇게 한두 마리가 따로 떨어져 휴식을 취하기도 한다. 탐조인들에게는 또 다른 사진 촬영의 기회가 주어지는 값진 시간이다.
1) 2024. 1. 6. 오후 1:20, 인천 미추홀공원
2) 2024. 1. 12. 오후 1:19, 인천 미추홀공원

나무에 앉아 똥 싸기(2024. 1. 12. 오후 12:09, 인천 미추홀공원) 주로 붉은 산수유 열매를 먹는 시기라 똥색도 붉은색이다.

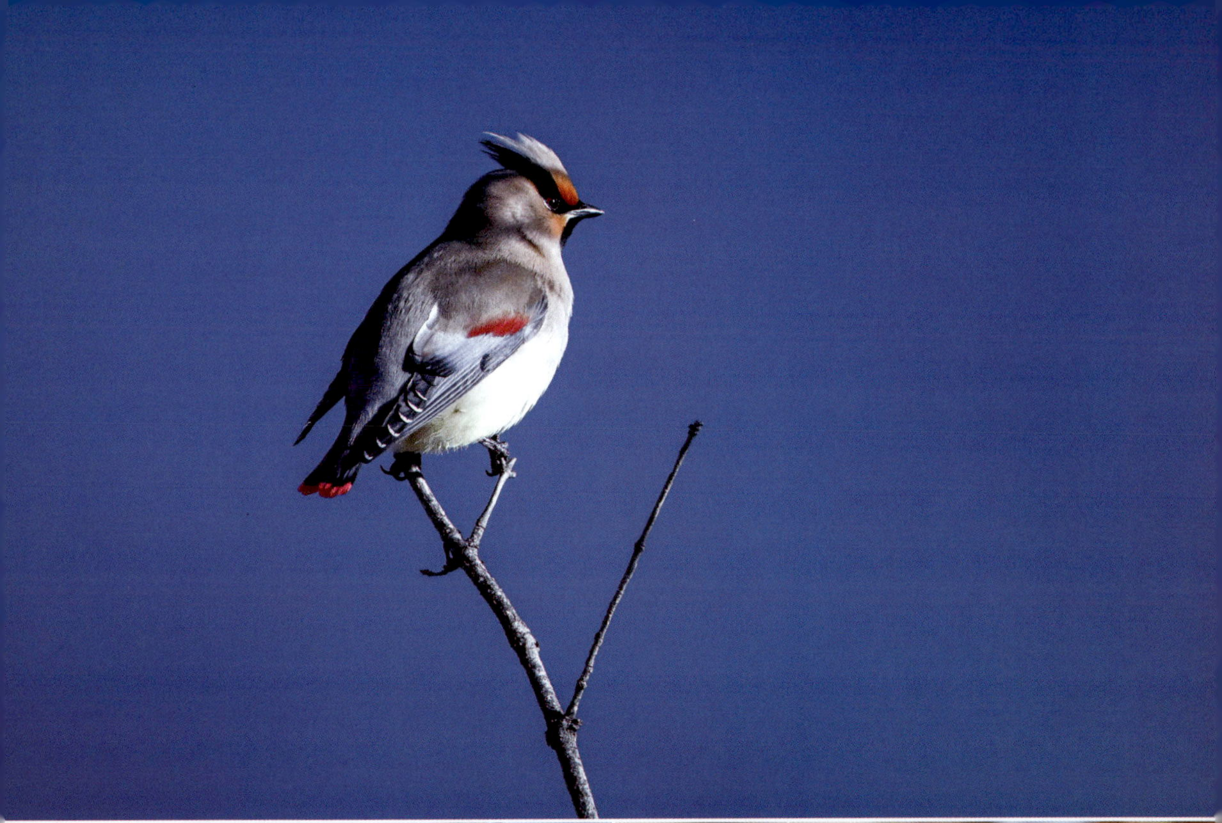

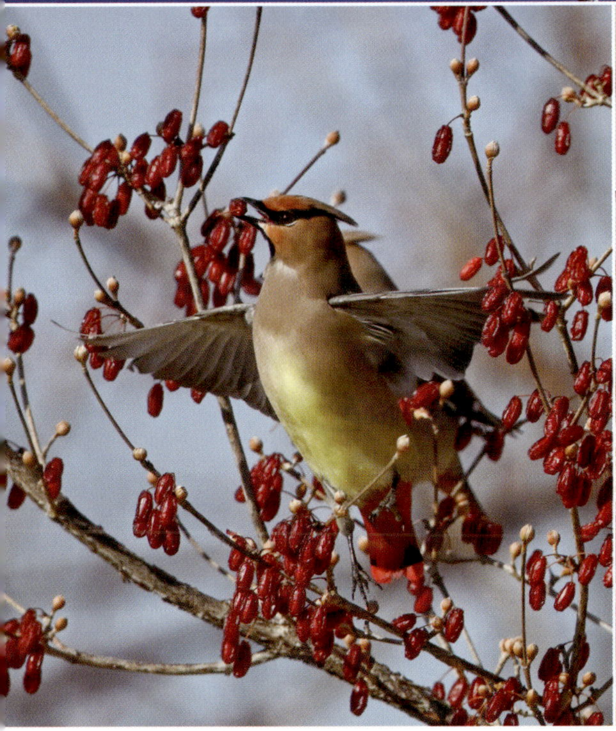

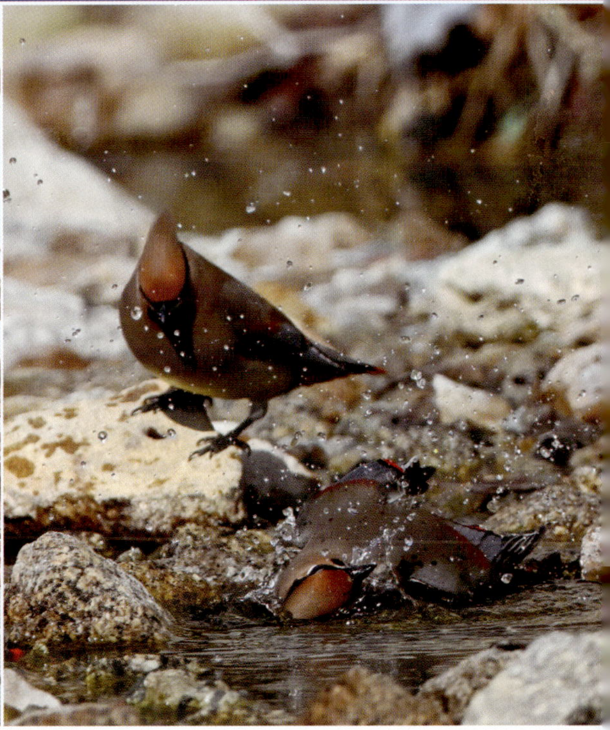

1. **높은 나뭇가지에 앉아 쉬기**(2026. 2. 17. 오후 4:17, 대구 군위)

2. **먹이 활동**(2026. 2. 18. 오후 3:08, 대구 군위)

3. **목욕하기**(2026. 2. 18. 오후 1:18, 대구 군위) 먹이 활동을 하는 사이에 잠시 물가로 내려앉아 물도 마시고 목욕도 하면서 쉼의 시간을 갖는다.

꽁지깃을 낙하산처럼 이용하기
(2026. 2. 18. 오후 12:12, 대구 군위) 나뭇가지나 전깃줄에 앉아 있던 홍여새가 먹이 활동을 위해 땅으로 수직 낙하할 때는 꽁지깃을 활짝 펴서 낙하산처럼 이용하기도 한다.

1)	2)	3)
4)	5)	6)
7)		

◀ **커플로 보이는 홍여새** (2024. 2. 4. 오후 2:19, 인천 미추홀공원) 황여새 무리에 섞여 지내던 홍여새 두 마리가 따로 떨어져 나와 한적한 시간을 보내고 있다.

홍방울새
비발디의 플루트 협주곡

탐조 안내

홍방울새는 방울새류 중에서 이마가 진홍색을 띤다고 해서 얻은 이름이다. 수컷이 암컷과는 달리 멱과 가슴 쪽도 분홍색을 띠고 있어 더욱 예쁘다. 우리나라에서는 겨울철새로 볼 수 있지만 해에 따라서는 한 번도 관찰되지 않는 경우가 많다. 그런데 이런 홍방울새가 2024년 겨울에 강화도의 한 섬에서 수십 마리가 무리 지어 출현했다고 해서 탐조인들의 가슴을 설레게 했다. 당시 홍방울새 무리의 대부분은 암컷이었고 수컷은 몇 개체에 지나지 않았다.

홍방울새 하면 음악에 조금 관심 있는 사람들은 비발디의 플루트 협주곡 제3번 '홍방울새'를 기억해낸다. 음악에서 새소리를 묘사하는 데에 흔히 목관악기가 쓰이는데 특히 플루트는 그 음색이 새소리를 닮은 악기로 사랑받고 있다. 비발디는 플루트로 홍방울새의 울음소리를 유감없이 표현해냈다.

그런데 사람이 악기로 새소리를 흉내 내듯이 반대로 새들도 사람이 내는 악기 소리를 똑같이 따라 하면서 배운다는 아주 흥미로운 이야기가 전한다. 그 이야기는 이렇다. 1930년대 오스트레일리아 뉴사우스웨일스주의 작은 마을 도리고에 플루트를 연주하는 농부가 몇 년간 큰거문고새 한 마리를 애완용으로 기르다가 얼마 뒤 큰거문고새를 자연으로 돌려보냈다. 그런데 30년 후 도리고 인근의 뉴잉글랜드 국립공원에서 플루트 풍의 음이 섞인 노래를 부르는 큰거문고새 떼가 발견되었다. 이 노래는 다른 큰거문고새들에게서는 들어볼 수 없는 소리였다.

더욱 놀라운 것은 이들이 부른 노래에는 1930년대 대중가요 두 곡 〈모기 댄스〉, 〈더 킬 로우〉의 음들이 담겨 있었다는 점이다. 놀라움은 여기에서 끝나지 않았다. 이 노래들은 그 후 70년이 지난 시점에는 기원지로부터 100킬로미터나 떨어진 곳에서도 들을 수 있게 되었다는 것이다. 새들도 자신의 귀에 생소한 사람들의 소리를 아름답게 듣고 즐기는 것이 분명하다.

 **탐조하기**

▲ **수컷**(2024. 1. 27. 오후 2:47, 인천 강화) 가슴에 붉은색이 또렷하다.

▲ **암컷**(2024. 1. 27. 오후 1:20, 인천 강화) 가슴에 붉은색이 보이지 않는다.

▲ **땅에 앉아 풀씨 까먹기**(2024. 1. 24. 오후 2:52, 인천 강화)

▶ **얼음 깨 먹기**(2024. 1. 26. 오후 2:36, 인천 강화)

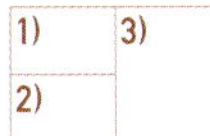

▼ **마른 풀 위에서 휴식**
1) 2024. 1. 25. 오후 1:39, 인천 강화
2) 2024. 1. 24. 오후 1:52, 인천 강화
3) 2024. 1. 26. 오후 1:51, 인천 강화

▲ 전깃줄 위의 휴식
1) 2024. 1. 25. 오후 1:58, 인천 강화
2) 2024. 1. 26. 오후 12:14, 인천 강화
3) 2024. 1. 26. 오후 11:52, 인천 강화

▼ 하늘 날기
1) 2024. 1. 24. 오후 1:29, 인천 강화
2) 2024. 1. 24. 오후 2:29, 인천 강화

468

철새의 전설 같은 이야기

철새의 이주에 대해서는 믿기지 않는 전설 같은 이야기가 전한다. 아리스토텔레스는 아주 흥미롭고도 엉뚱한 주장을 폈다. 그는 새들이 '깃털갈이'를 하는 모습과 여러 시기에 다양한 종이 이주하는 모습을 보고 철새가 계절에 따라 다른 종으로 변한다고 보았다. 그는 대륙딱새가 꼬까울새로 탈바꿈한다고 보았다.

그렇게 많던 제비들이 갑자기 시야에서 사라지자 1500년대 스웨덴 대주교 올라우스 마그누스는 제비가 강이나 호수 바닥의 진흙 속에 굴을 파고 겨울잠을 잔다고 했고, 1600년대 후반 영국의 과학자이자 목사인 찰스 모턴(Charles Morton)은 철새들이 이주를 하기는 하지만 이들은 지구상의 다른 장소가 아니라 우주 공간의 달로 이주한다고 믿었다. 달로 날아가는 새는 중력의 지배를 받지 않기 때문에 큰 힘이 들지 않고 중간에 날면서 휴식까지 취할 수 있다고 생각했다. 그는 1697년 하버드대학교 첫 부총장이 되었는데 그의 이런 주장은 과학으로 받아들여졌고, 1680년대 후반부터 1720년대까지 하버드대학교와 예일대학교에서 이런 내용을 가르쳤다.

최근에는 아주 작은 상모솔새가 스칸디나비아와 영국 사이의 위험한 북해를 건너기 위해 자신보다 훨씬 덩치가 큰 멧도요의 등에 올라타는 일종의 '히치하이킹'으로 북해를 건넌다는 주장이 꽤 오랫동안 회자되었다.

철새들의 이주 방법은 이주 새의 수만큼이나 다양하다. 대부분의 사람은 철새의 이주 하면 장거리 '비행'을 떠올리지만 사실 날지 않고 걸어서 이주하는 새도 있다. 호주의 에뮤는 매일 평균 25킬로미터를 두 다리로 걸어서 대략 500킬로미터에 이르는 거리를 이주한다.

새들의 이주는 대부분 위도나 경도를 따라 수평적으로 진행되지만 때로는 드물게 수직적으로 이주하는 새들도 있다. 북아메리카 서부 산지에 사는 회색잣까마귀는 한겨울에는 산 아래쪽으로 내려와 겨울을 나고 다시 산꼭대기로 올라간다. 이는 알프스 산지의 목동들이 '수직적 이목(移牧)'을 하는 것과 유사한 행태다.

수평적 이주의 가장 일반적 형태는 사계절의 기후변화에 따른 남–북 간 위도적 이주이지만 지중해, 사하라사막, 알프스산맥처럼 거대한 지리적 장애물이 동서로 펼쳐져 있는 유럽에서는 동–서 간 경도적 이주도 발생한다. 물론 이러한 남–북 간 장애물을 거뜬히 뛰어넘는 철새도 있다. 바로 줄기러기와 쇠재두루미다.

줄기러기는 지구상에서 가장 높은 히말라야 꼭대기를 넘어 날아간다. 심지어 에베레스트산 바로 위를 지나는 장면도 관측되었다. 최고 1만 50미터 높이로 날았고 단 하루 만에 무려 1600킬로미터를 이동했다는 기록이 있다. 이런 기적에 가까운 능력은 지구 역사와 함께 단련된 결과로 해석하는 과학자들이 있다. 지구 판구조론에 따르면 에베레스트산은 매년 1센티미터씩 높아진다. 이 말은 아주 오래전에는 지금보다 훨씬 그 높이가 낮았을 터이니 그 당시부터 에베레스트를 넘기 시작한 줄기러기들은 조금씩 높아진 산에 점점 적응해 가면서 높이 날기 실력을 쌓았다는 것이다. 이는 육상경기에서 허들의 높이를 조금씩 높이면서 선수들이 고강도 훈련을 하는 것과 같은 이치다. 물론 가설이기는 하지만 무척이나 흥미로운 설명임은 분명하다.

히말라야산맥을 넘는 또 하나의 새인 쇠재두루미 연구에서는 이 녀석들이 상승기류를 이용해 거대한 지구 장벽을 넘는다는 것이 밝혀졌다. 히말라야산맥 일대의 상공에는 언제나 초속 100미터 이상의 제트기류가 흐른다. 그러다가 10월 어느 날 갑자기 약 1주일 동안 제트기류가 산맥 남쪽으로 이동하고 그 대신 상승기류가 발달하는데 바로 이때를 기다려 쇠재두루미는 산맥을 넘는다. 이 시기는 기상이 매우 안정적이므로 등산가들도 훨씬 수월하게 산을 오를 수 있다. 그래서 등산가들은 쇠재두루미의 움직임을 잘 관찰했다가 녀석들이 히말라야를 넘는 시기에 맞춰 등반하는 요령을 터득하기도 했다.

새나 사람이나 고산지대를 오를 때 가장 고통스럽게 극복해야 하는 것은 산소 부족 문제이다. 그래서 쇠재두루미는 자신의 신체 구조를 이러한 상황에 가장 효율적으로 대처할 수 있도록 진화해 왔다. 쇠재두루미는 들이마신 공기를 폐뿐만 아니라 내장의 빈 공간과 뼛속까지 저장할 수 있고, 다른 새보다 심장이 커서 산소를 몸 전체에 골고루 공급할 수 있으며 바람의 흐름을 잘 탈 수 있다.

쇠재두루미 어린 새 (2025. 12. 13. 오전 9:09, 경남 사천 광포만)

피라칸다 열매 따 먹기(2024. 12. 25.
오전 8:54~11:09, 경북 포항)

부산 태종대에서 관찰된 개체(2022.6.4. 오전 8:49, 부산 태종대, 촬영: 무학)

쇠부엉이 불꽃무늬

탐조 안내

쇠부엉이는 늦가을에 우리나라로 찾아와 이른 봄까지 머무는 대표적인 겨울철새다. 이름은 '작은 부엉이'를 뜻한다. 실제로 몸길이는 최대 41센티미터 정도로 수리부엉이(최대 75센티미터)보다 작긴 하다. 그러나 유사종인 칡부엉이(최대 40센티미터)와는 비슷하거나 오히려 조금 더 크며, 솔부엉이(최대 33센티미터)보다는 훨씬 크다. 같은 올빼미과인 금눈쇠올빼미(최대 23센티미터)와는 비교되지 않을 정도로 크다. 결론적으로 부엉이라는 이름이 붙은 종은 물론이고, 더 확대해서 올빼미과 중에서도 결코 몸 크기가 작지 않다. 몸 크기로 보면 '중형 부엉이'가 더 어울린다.

그러면 왜 쇠부엉이라는 이름이 붙었을까? 그 답은 쇠부엉이 귀깃에 있다. 쇠부엉이와 비슷한 몸 크기의 칡부엉이는 귀깃(최대 45밀리미터)이 길지만, 쇠부엉이는 아주 짧아(최대 16밀리미터) 거의 보이지 않을 정도다. 쇠부엉이는 몸이 작다는 의미보다는 귀깃이 작다는 뜻으로 보는 것이 맞다. 영어명도 쇠부엉이는 'Short-eared Owl'이고 칡부엉이는 'Long-eared Owl'이다. 또 한 가지 흥미로운 점은 솔부엉이는 부엉이라는 이름이 붙었지만 올빼미류처럼 아예 귀깃이 없다는 점이다. 어쩌면 쇠부엉이는 칡부엉이에서 솔부엉이로 유전적 변이가 일어나는 중간 단계의 부엉이인지도 모를 일이다.

쇠부엉이의 정체성 중 하나는 가슴 쪽에서 배로 이어지는 활활 타오르는 듯한 불꽃 모양의 긴 줄무늬다. 쇠부엉이의 학명 *Asio flammeus*는 '불꽃색(flammeus)을 띠는 부엉이(Asio)'라는 뜻에서 비롯된다.

쇠부엉이는 땅바닥에 앉는 것을 좋아한다. 낮에는 풀숲 속에서 잠을 자고 휴식을 취하다가 밤이 되면 넓게 트인 개활지나 하천 변으로 나와 주로 설치류를 사냥한다. 쇠부엉이는 대표적인 야행성 조류 중 하나이지만 아직 해가 남아 있는 오후 3시를 넘어서면 하루 활동을 시작한다. 탐조인들 사이에서 쇠부엉이가 야행성 조류 중에서도 가장 매력적인 탐조 대상으로 꼽히는 이유 중 하나다.

그런데 쇠부엉이에게는 결코 만만치 않은 경쟁 상대가 있다. 바로 잿빛개구리매다. 이 둘은 먹잇감이 비슷하고 활동 영역도 겹치기 때문에 사냥감을 놓고 다투는 장면이 종종 관찰된다. 잿빛개구리매는 주행성이지만 쇠부엉이가 이른 저녁부터 먹이 활동을 하기 때문에 둘이 충돌하는 경우가 생기는 것이다.

 **탐조하기**

논두렁에서의 휴식(2024. 2. 13. 오후 4:46~53, 경기 시흥)

사냥 나서기(2024. 2. 13. 오후 4:46, 경기 시흥)

공중에서의 먹이 탐색(2024. 2. 13. 오후 4:37, 경기 시흥)

쥐를 잡기 위한 풀숲 탐색(2025. 1. 11. 오후 5:01, 충북 청주)

사냥 중 주변 경계하기(2025. 1. 11. 오후 5:01, 충북 청주)

먹이 활동

1) 쥐 잡기(2025. 1. 11. 오후 5:02, 충북 청주)

2) 잠시 덤불 위에 앉아 숨 고르기(2025. 1. 11. 오후 5:07, 충북 청주).

3) 살아 움직이는 쥐를 입으로 물어 숨통 끊어놓기(2025. 1. 11. 오후 5:07, 충북 청주)

4) 쥐를 먹기 위해 은밀한 곳으로 이동하기(2025. 1. 11. 오후 5:07, 충북 청주)

1)	2)
3)	4)

이른 봄에 만난 쇠부엉이(2023. 3. 20. 오후 6:15~26, 경기 시흥) 3월 중순이면 쇠부엉이 탐조 시즌이 거의 마무리된다. 한겨울에는 오후 4시 정도에 먹이 활동을 시작하지만 해가 길어지는 봄이면 오후 6시가 되어서야 출현한다.

바위 그늘에서의 휴식(2025. 1. 23. 오후 1:23~29, 경기 남양주 불암산)

새들의 짝짓기

총배설강

조류는 포유류의 음경과 같은 외부 생식기가 없으며 배설과 생식기능이 합쳐진 총배설강을 통해 짝짓기를 한다. 참새목의 수컷은 효율적인 정자 전달을 위해 번식기 동안 총배설강이 부풀어 돌출되고 그 밖의 일부 새들도 음경을 닮은 돌기가 있어 교미의 효율성을 높이기는 하지만, 엄밀히 말하면 이는 포유류의 음경과는 근본적으로 다른 구조다. 새의 짝짓기는 총배설강을 맞대는 수준의 불완전한 결합을 통해 이루어지므로 수정 확률이 매우 낮다. 새들이 수시로 짝짓기를 하고 한 번에 분출하는 정자 수도 포유류보다 훨씬 많은 것은 바로 이러한 단점을 극복하기 위한 전략 중 하나다.

교미

일반적으로 새들의 짝짓기는 아주 짧은 시간 이루어진다. 유럽억새풀새는 10분의 1초밖에 걸리지 않고, 대다수 소형 조류는 1~2초 만에 짝짓기를 끝낸다. 물론 예외도 있다. 물개개비는 25분 동안 짝짓기를 지속한 사례가 있고, 마다가스카르의 큰바사앵무는 교미 교착이라고 하는 특별한 방법으로 최대 1시간 30분 동안 짝짓기에 몰입한다. 교미 교착이란 '포로 음경'이라고도 하는데 이는 개들처럼 교미 중 수컷 생식기가 빠지지 않도록 하는 상태를 말한다.

새들은 대개 총배설강을 이용해 짝짓기를 하지만, 큰바사앵무 수컷은 마치 포유동물의 생식기처럼 생긴 둥근 총배설강 돌기가 있으며, 이 돌기가 일단 암컷의 몸속으로 들어가면 피가 몰려 암컷의 몸속에서 빠져나가지 못하게 된다. 교미 교착으로 교미 시간이 길어지면 그만큼 수정 확률은 극대화된다. 많은 사람은 짝짓기의 순간에 새들도 과연 쾌감을 느낄까 궁금해한다. 이에 대해서는 아직 명쾌한 답을 얻지 못하지만 큰바사앵무처럼 꽤 긴 시간 교미 교착을 하려면 이들이 어느 정도 '촉각 민감성'을 지니고 있지 않을까 추정한다.

정자의 전쟁

사정된 수컷의 정자는 대부분 난자와의 수정을 위해 난소와 나팔관으로 곧장 나아가지만 일부 종에서는 질과 자궁 연결 지점의 특정 장소에 며칠 혹은 길게는 몇 주까지 머물면서 난자의 배란 시기를 기다리기도 한다.

그런데 문제는 여러 수컷과 교미하는 암컷의 경우 이 시기에 또 다른 수컷과 짝짓기를 하면 전혀 다른 수컷 정자가 들어와 이미 존재하던 정자와 섞이는 상황이 벌어진다. 이른바 정자들끼리의 '교미 후 전쟁'이 시작되는 것이다. 암컷과 짝짓기를 하게 된 수컷은 어떤 형태로든 이미 '교미 전 전쟁'을 치른 승자이지만 결국 이런 상황에서는 '승자끼리의 또 다른 전쟁'을 치르지 않으면 안 되는 것이다. 훌륭한 자식을 낳기 위한 암컷의 고도 전략이다.

이런 이유로 전문가들은 같은 둥지에서 자라는 형제일지라도 서로 각각 다른 아비를 두었을 가능성이 높을 것으로 본다. 최근 유전자 분석의 발달로 일부일처제로 분류되는 새들조차 그들 중 85퍼센트는 실제로 '난잡한 혼외 교미'를 한다는 사실이 밝혀졌다. 자연의 세계는 우리가 생각하는 것만큼 그리 단순하지는 않은 듯하다.

알락해오라기 은둔의 고수

 **탐조 안내**

알락해오라기는 우리나라에서는 한강 이남의 일부 지역에서 매우 드물게 관찰되는 겨울철새다. 대부분의 해오라기류가 여름철새인데 이 알락해오라기만 겨울철새인 것도 흥미롭다. 2023년 1월에 한강 이북인 강원도 철원군 동송읍 대교천 인근에서 한 개체가 발견되어 화제가 된 적이 있다. 기후 온난화로 알락해오라기의 도래지가 조금씩 북상하고 있는 것으로 보인다.

새 이름에서 '알락'은 갈대와 비슷한 황갈색에 옅거나 짙은 검은색 줄이 몸 전체에 퍼져 있어 붙인 것이다. 이런 알락무늬는 갈대숲에 몸을 숨기기 위한 최적의 보호색이다. 그런데 영어권 명칭에서는 알락보다는 '황소'가 강조된다. 알락해오라기의 학명은 '점이 박힌 황소(*Botausus stellaris*)'이고 영어명 'bitterm'은 중세 영어의 '황소'와 '해오라기'가 결합된 말이다. 스페인명 'avetoro'도 새(ave)와 황소(toro)를 합친 말이다.

그러면 영어권 명칭에서는 왜 하필이면 황소일까? 이는 이 새의 울음소리가 황소와 같기 때문인 것으로 알려졌다. 참고로 스페인왕립학술원《스페인어사전》에는 이 새를 "사자처럼 갈색이며 머리가 검고 날개에는 검은 줄이 있는 왜가리와 닮은 섭금 조류"로 기술하고 있다. 그래서인지 알락해오라기를 북한에서는 '알락왜가리'라고 부른다. 섭금류는 물속의 먹잇감을 사냥하기에 유리하도록 다리, 부리, 목이 길게 발달한 새들을 가리킨다.

알락해오라기는 대개 호수와 하천의 갈대밭에서 혼자 지내는 습성이 있어 '은둔의 고수' 혹은 '갈대밭의 은둔자'라 불린다. 평상시에는 갈대밭 속에서 몸을 숨기고 있다가 먹이 활동을 할 때만 조용히 빠져나온다. 그리고 먹이 활동이 끝나면 다시 갈대숲으로 들어가 휴식을 취한다. 몸 색은 갈대색과 매우 비슷해 움직이지 않고 앉아 있거나 목을 길게 빼고 서 있으면 갈대와 구별이 되지 않는다. 완벽한 위장술이다.

조류도감에는 알락해오라기를 주로 저녁 무렵에 먹이 활동을 활발히 하는 야행성 조류로 표기하고 있다. 그러나 실제로는 낮에도 상당히 활발하게 먹이 활동을 하는 것이 관찰된다. 알락해오라기는 주로 물고기를 사냥하기 때문에 날씨가 추워 물이 얼면 사냥이 불가능해진다. 그러면 당연히 얼음이 얼지 않는 남쪽으로 이동한다.

겨울철 갈대밭 속에 있는 알락해오라기를 찾는 것은 무척 어렵지만 겨울에도 얼지 않는 물과 그 물속에 물고기가 많은 곳을 끈기 있게 둘러보면 의외로 쉽게 찾아낼 수 있다. 더구나 알락해오라기는 한번 정해놓은 자신의 서식지를 쉽게 바꾸지 않는 특성이 있기 때문에 그 장소를 한번 알아두면 특별한 일이 없는 한 한겨울 내내 관찰할 수 있다.

완벽한 보호색(2025. 1. 15. 오후 1:47, 경기 의왕) 사진 왼쪽 가운데 갈대 속에 숨어 있다.

갈대 수풀을 위장막처럼 활용하기(2025. 1. 15. 오후 2:40, 경기 의왕)

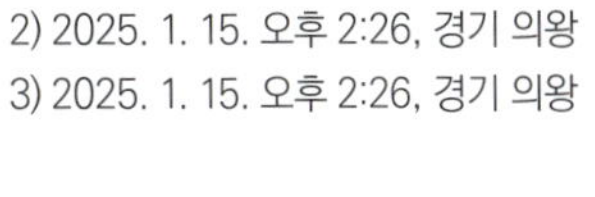

조심조심 이동하기
1) 2025. 1. 15. 오후 3:46, 경기 의왕
2) 2025. 1. 15. 오후 2:26, 경기 의왕
3) 2025. 1. 15. 오후 2:26, 경기 의왕

붕어 사냥(2025. 1. 15. 오후 2:47, 경기 의왕) 먹잇감이 큰 탓인지 목구멍으로 넘기는 데 꽤 오랜 시간이 걸린다.

큰꼬리찌르레기사촌 멕시코찌르레기

 **탐조 안내**

큰꼬리찌르레기사촌(*Quiscalus mexicanus*, Great-tailed Grackle)은 참새목(Passeriformes) 찌르레기사촌과(Icteridae)에 딸린 새로, 국내 미기록종이다.

우리나라에서는 2024년 10월 12일 부산 신호동에서 수컷 1개체가 관찰된 후 동일 개체로 판단되는 개체가 2025년 2월 24일 부산 강서 명지동 낙동강변에서 관찰되었다. 이를 계기로 많은 사람이 큰꼬리찌르레기사촌의 《한국조류목록》 등재에 관심을 보였다.

그러나 전문가들은 이 새가 주로 아메리카에 서식하는 텃새로 계절에 따른 이동이 없으므로 길잃은새는 아니며, 해외에서 들어오는 선박에 실려 우연히 유입되었을 가능성이 높은 것으로 보고 있다. 게다가 현재 국내에서 야생 개체군을 형성하지 못한 것은 물론 앞으로도 스스로 도래할 가능성이 희박한 것으로 판단하여 결국 2025년 6월 개정판《한국조류목록》에서 등재가 보류되었다.

새의 몸 색은 전체적으로 검은색 느낌인데 수컷과 암컷이 약간 차이가 있다. 수컷은 머리와 상체 깃털에 자줏빛 파란색 광택이 있고 보는 각도에 따라 색깔이 변하며, 암컷은 상대적으로 갈색 느낌이 강하다. 수컷과 암컷 성체는 공통적으로 눈이 밝은 노란색이다. 꽁지깃이 긴 것이 특징인 이 새의 이름에 '긴꼬리'가 아닌 '큰꼬리'를 붙인 것은 꽁지깃이 길면서도 폭이 부채처럼 넓게 펼쳐지기 때문이다. 학명과 관련하여 '멕시코찌르레기'라고도 한다.

2024년 1월 2일 미국 텍사스주 해리스 카운티의 한 쇼핑몰 주차장에 큰꼬리찌르레기사촌 수백 마리가 떼로 몰려온 영상이 공개되어 화제가 된 적이 있다. 이에 대해 텍사스의 야생동물 보호단체 휴스턴 오듀본은 이 새는 원래 인간 거주 지역에서 무리 지어 다니는 특성을 보이며, 쇼핑몰 주차장 등에 놓여 있는 음식물 쓰레기를 노리고 접근했을 가능성이 있는 것으로 설명했다. 최근 국내에서 관찰된 큰꼬리찌르레기사촌도 사람을 크게 경계하지 않고 주택 지역이나 항구 근처에서 활발히 먹이 활동을 하는 장면이 목격되었다.

 **탐조하기**

항만 크레인 구조물에서의 휴식(2025. 3. 14. 오전 10:08, 부산 강서구)

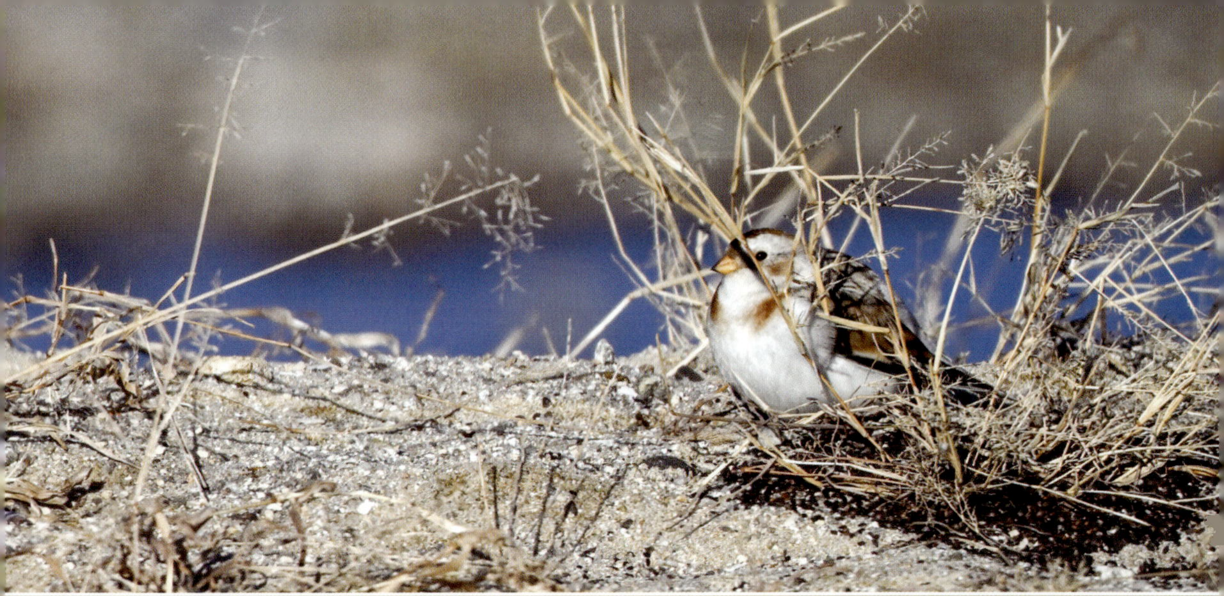

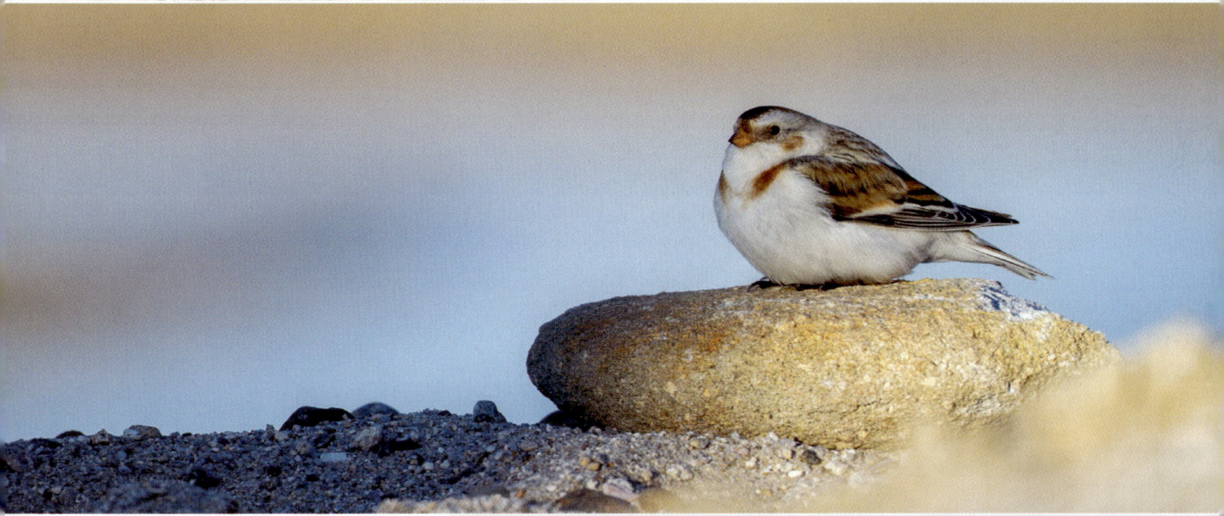

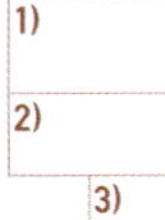

휴식 먹이 활동을 하다가도 작은 돌 위나 풀 그늘에서 잠시 쉬기를 반복한다.

1) 2025. 12. 18. 오후 3:16, 강원 고성
2) 2025. 12. 18. 오후 4:07, 강원 고성
3) 2025. 12. 19. 오전 10:26, 강원 고성

날아오르기(2025. 12. 19. 오후 12:22, 강원 고성) 흰멧새의 정체성 중 하나인 '흰배'가 고스란히 드러나는 순간이다.

물 마시고 목욕하기 하루 한두 번 맑은 냇물에 내려앉아 목을 축이고 시원한 목욕을 즐긴다.

1) 물 마시기(2025. 12. 19. 오후 12:31, 강원 고성)

2) 목욕하기(2025. 12. 19. 오후 12:32, 강원 고성)

몸 단장하기(2025. 12. 19. 오후 12:35, 강원 고성) 목욕을 마친 뒤에는 자갈밭에 앉아 몸을 말리고 깃털을 다듬는 등 몸단장을 하면서 꽤 오랜 시간을 보낸다.

1)-A	1)-B
	2)-A
2)-B	

공존과 경쟁 두루미는 재두루미는 물론 고라니, 큰고니, 백로 등과도 큰 갈등 없이 사이좋게 잘 지내지만 제 가족에게 위협이 될 수도 있다고 판단하면 즉각 거칠고 공격적인 행동을 보인다.

1) 공존
    A. 두루미와 고라니(2025. 11. 12. 오후 4:02, 강원 철원)
    B. 두루미와 재두루미(2025. 11. 18. 오후 2:27, 강원 철원)

2) 경쟁
    A. 두루미와 두루미(2025. 11. 13. 오후 2:18, 강원 철원)
    B. 두루미와 재두루미(2025. 11. 18. 오후 12:55, 강원 철원)

무리 짓기 두루미는 상대적으로 쉽게 먹이를 구할 수 있는 '두루미 식당'에서 먹이 활동을 하거나 잠을 잘 때 안전을 위해 큰 무리를 짓는다. 특히 2월 말부터 3월 초 사이 번식지로 돌아갈 무렵이면 이 무리 짓기는 절정을 이룬다.

1) 먹이 활동(2022. 3. 9. 오후 6:03, 강원 철원, 촬영: 임장빈): 재두루미 무리 중 한 마리가 머리를 들고 경계를 서는 사이 나머지는 먹이 활동에 열중한다.

2) 경계(2025. 12. 31. 오전 10:13, 경남 창원 주남저수지): 재두루미 무리가 먹이 활동을 하던 중 일제히 머리를 들고 잠시 경계를 하고 있다. 이는 대개 먼 하늘에 맹금류가 나타났을 때 보이는 행동이다.

입김(2025. 11. 19. 오전 8:41, 강원 철원) 두루미의 대표적 월동지인 철원 일대는 남한에서 가장 춥고 긴 겨울이 이어지는 곳이다. 맑고 바람이 없는 추운 날 두루미가 입에서 내뿜는 묘한 분위기의 '입김'은 겨울 두루미 탐조의 또 다른 볼거리다.

사랑의 춤(2025. 12. 14. 오전 9:16, 강원 철원, 촬영: 채강환) 두루미 커플은 구애의 한 수단으로 흔히 학춤으로 불리는 '사랑의 춤'을 춘다. 물속이든 뭍이든 장소는 가리지 않지만 특히 하얀 눈밭 위에서 펼치는 사랑의 춤사위는 그야말로 한 폭의 그림이 된다. 간혹 두루미 한 마리가 춤을 추는 것을 볼 수도 있는데 이는 '놀이'로서의 춤을 즐기는 것으로 보인다.

재두루미(2025. 11. 13. 오전 9:42, 강원 철원)

흑두루미(2025. 11. 8. 오전 10:08, 전남 순천 순천만)

검은목두루미(2025. 12. 15. 오후 4:18, 전남 순천 순천만)

쇠재두루미(2025. 12. 12. 오후 3:32, 경남 사천 광포만)

캐나다두루미(2025. 12. 31. 오전 10:43, 경남 창원 주남저수지)

시베리아흰두루미(2025. 12. 7. 오후 4:30, 경기 파주)

두루미 가족 우리나라에서 볼 수 있는 두루미는 7종 정도다. 겨울철새로 도래하는 대표적인 두루미류는 두루미, 재두루미, 흑두루미 등이지만 아주 드물게 길잃은새 혹은 겨울철새로 검은목두루미, 쇠재두루미, 캐나다두루미, 시베리아흰두루미 등이 관찰되기도 한다.

사진을 제공해 주신 분들

필자가 소장하지 못한 사진들은 주변의 작가님들로부터 도움을 받았다.
귀중한 사진을 기꺼이 제공해 주신 분들께 지면을 빌려 깊은 감사를 드린다.
(가나다순, 존칭 생략)

강미영: 개개비(연밭의 개개비), 후투티(흥미로운 짝짓기)
강훈구: 뿔제비갈매기(구애급이)
고인재: 파랑새(파랑새 무리)
권관중: 벌매(암컷, 수컷과 암컷)
김갑수: 긴꼬리딱새(중부지방에서 관찰된 긴꼬리딱새)
김영윤: 호반새(이소 후의 2차 육추)
김정수: 검독수리(놀이 즐기기)
김준진: 파랑새(까치 둥지에서의 육추)
류영호: 청호반새(이소 후의 청호반새 가족)
무　학: 흰머리검은직박구리(부산 태종대에서 관찰된 개체)
박성하: 호반새(뱀을 입에 문 채 이소하는 새끼)
박헌우: 뒷부리장다리물떼새(둥지가 있는 풍경, 어린새의 먹이 활동)
양희숙: 황조롱이(인공구조물 둥지), 후투티(도시형 둥지),
　　　　뒷부리장다리물떼새(포란을 시도하는 어미 새, 어린 새를 데리고 다니는 어미 새)
이상봉: 쇠제비갈매기(새 생명의 탄생)
이석각: 뿔논병아리(구애), 뻐꾸기(매사촌의 딱새 탁란)
이윤경: 뿔제비갈매기(부화 4일째의 새끼)
임대영: 후투티(이소)
임장빈: 두루미(먹이 활동)
조철행: 물총새(둥지 파기), 청호반새(둥지 파기, 들고양이의 습격)
채강환: 큰유리새(나무구멍에 둥지를 튼 큰유리새), 두루미(사랑의 춤)
최형룡: 물총새(둥지 수리하기)

후투티, 꾀꼬리, 대륙검은지빠귀 등 **고양 일산호수공원**

주소   경기도 고양시 일산동구 장항동 906 일산호수공원

탐조 시기   4~7월

촬영 구역   회화나무광장, 폭포광장

탐조 포인트   회화나무광장은 제2주차장, 폭포광장은 제4주차장을 이용하여 접근하는 것이 편리하다. 회화나무광장에서는 후투티, 폭포광장 주변에서는 꾀꼬리, 대륙검은지빠귀, 되지빠귀 등을 관찰할 수 있다. 해마다 육추 장소가 조금씩 다르지만 그 범위를 크게 벗어나지 않고, 시즌이 되면 늘 탐조인들이 찾는 곳이니만큼 포인트를 찾는 데 큰 어려움은 없다. 지도에서 위쪽이 제2주차장과 회화나무광장, 아래쪽이 제4주차장과 폭포광장이다.

후투티, 솔부엉이 등 경주 황성공원

주소 경북 경주시 황성동 369-3 황성공원 주차장

탐조 시기 5~6월

촬영 구역 주차장에서 공원으로 산책로를 따라 50여 미터 들어가면 오른쪽 소나무 숲에서 관찰된다. 해마다 후투티의 육추 시기가 되면 많은 탐조인들이 이곳을 찾기 때문에 현장을 찾는 데는 어려움이 없다.

탐조 포인트 후투티의 탐조는 둥지가 있는 소나무 주변에서 이루어진다. 공원 생활에 익숙해서인지 후투티는 주변 사람들을 거의 신경 쓰지 않고 바로 옆 잔디밭에서 땅강아지 같은 작은 먹잇감을 물어다 새끼들에게 먹인다. 둥지 탐조가 어느 정도 이루어지면 한 발짝 물러나 주변 잔디밭에서 사냥하는 후투티 모습을 관찰하고 사진으로 담아보는 것도 좋은 방법이다.

큰소쩍새, 파랑새, 꾀꼬리, 솔부엉이, 올빼미 등 가평 남이섬

주소 경기도 가평군 가평읍 달전리 145-2 남이섬 선착장

탐조 시기 6~8월

촬영 구역 선착장에 주차하고 배를 타고 남이섬으로 들어가면 곳곳에 촬영 구역이 있다. 새들이 출현하는 장소가 해마다 다르기 때문에 남이섬에 진입한 뒤에는 발품을 팔아야 한다. 그러나 남이섬 자체가 넓지 않고 탐조인들을 곳곳에서 만날 수 있어 새를 찾는 것은 그리 어렵지 않다.

탐조 포인트 남이섬은 우리나라에서 단위 면적당 가장 많은 새들이 활동하는 곳 중 하나다. 이곳 새들은 대개 산책로 옆 나무에 둥지를 틀기 때문에 섬에 들어서면 산책로를 따라 섬을 한 바퀴 돌며 새를 찾아보는 것이 좋다. 파랑새나 꾀꼬리는 산책로 주변에서 육추 모습을, 큰소쩍새, 솔부엉이, 올빼미 등은 둥지를 벗어나 근처 나무에 모여 있는 유조와 성조를 관찰할 수 있다.

물수리 포항 형산강

주소　경북 포항시 남구 연일읍 중명리 246-1

탐조 시기　9~11월

촬영 구역　주소는 형산강 에코 전망대 주차장이다. 이곳에 주차를 하고 형산강 하류 쪽으로 산책로를 따라 내려가면서 물수리를 관찰할 수 있다.

탐조 포인트　형산강에는 거의 해마다 물수리가 찾아오므로 물수리를 탐조하는 것 자체는 어렵지 않다. 그러나 다른 지역에 비해 먹이 사냥 범위가 넓기 때문에 사냥 장면을 촬영하기는 쉽지 않지만, 간혹 가까이 다가와 사냥하기도 하므로 인내를 가지고 기다리면 의외로 좋은 결과를 얻을 수 있다.

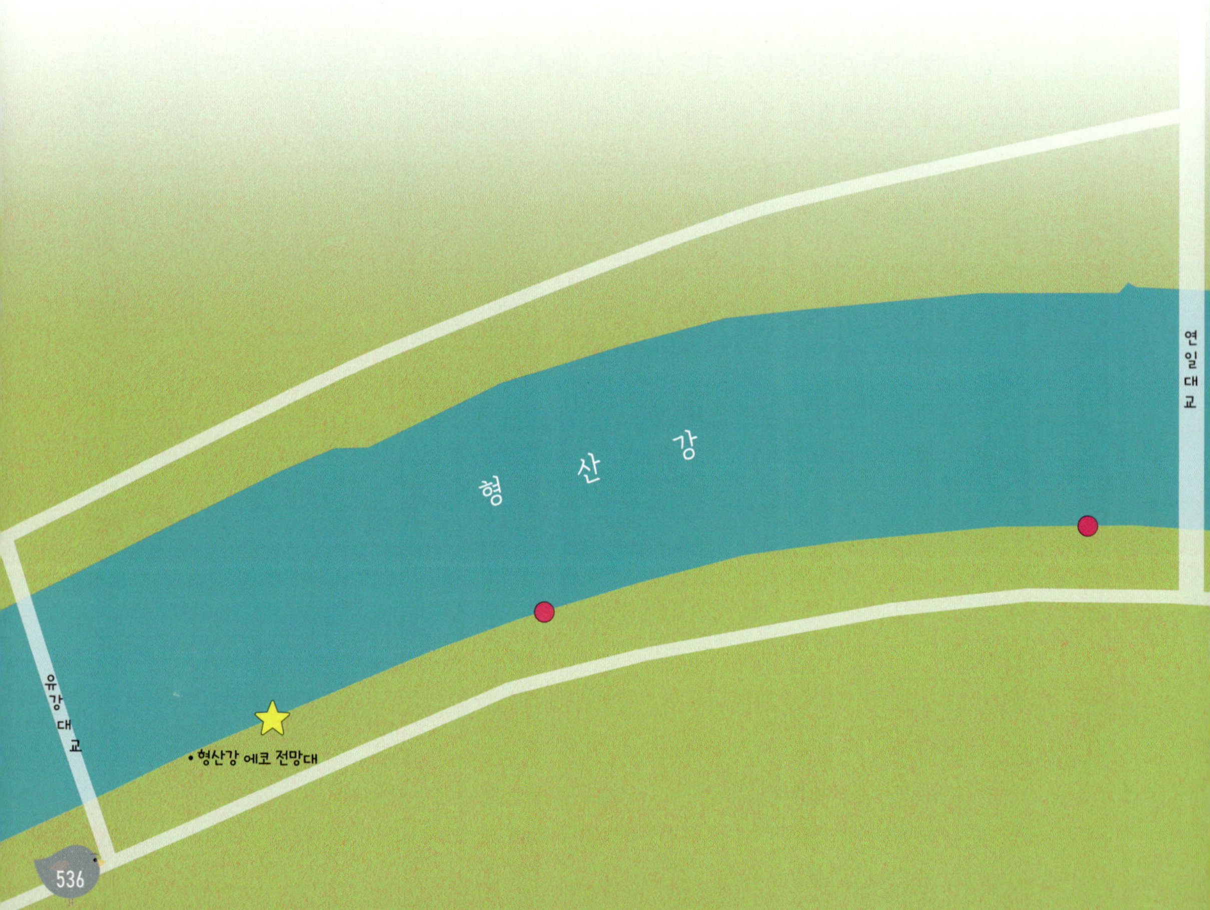

넓적부리도요, 검은머리물떼새 서천 유부도

주소 충남 서천군 장항읍 송림리

탐조 시기 9월~이듬해 1월

촬영 구역 유부도 북쪽 해안

탐조 포인트 흔히 유부도는 '갯벌이 품은 생태 보물섬'으로 불린다. 특히 '가장 멀리 날아 이동하는 철새' 도요의 중간 기착지인 이곳은 그야말로 도요의 천국이다. 섬 자체는 작고 거주 인구도 70여 명밖에 안 되지만 섬 주변의 모래와 펄이 섞인 드넓은 갯벌에는 다양한 수서생물이 살아가고 있으며, 이들을 먹잇감으로 하는 수많은 새들이 유부도를 찾는다.

행정구역은 충남 서천이지만 이 섬으로 들어가려면 전북 군산항의 유부도 선착장에서 사설 낚싯배를 이용해서 약 5분 정도 배를 타고 가야 한다. 유부도 선착장에서 내린 후 마을을 가로질러 섬 북서쪽으로 걸어가면 바로 탐조 현장이 나온다. 가을에는 이동 중 잠시 쉬어가는 도요 무리, 겨울에는 월동하기 위해 찾아온 검은머리물떼새 무리를 관찰할 수 있다.

물수리, 흰꼬리수리 강릉 남대천

주소 강원도 강릉시 병산동 228-1 조류 탐조대

탐조 시기 9월~이듬해 3월

촬영 구역 조류 탐조대와 공항대교 인근

탐조 포인트 가을에는 물수리, 겨울에는 흰꼬리수리를 탐조할 수 있다. 물
　수리는 탐조대와 공항대교 인근에서, 흰꼬리수리는 탐조대와 체육공원 야
　구장에서 주로 활동한다.

참수리, 흰꼬리수리 남양주 팔당

주소　경기도 남양주시 와부읍 팔당리 산 178-3

탐조 시기　11월~이듬해 3월

촬영 구역　팔당유원지~팔당댐 사이 다산성곽 앞 도로변 버스 정류장 주변

탐조 포인트　팔당은 전국에서 가장 쉽게 참수리를 탐조할 수 있는 유일한 장소다. 거의 매년 가을이 되면 참수리가 찾아와 이듬해 봄까지 머물다 돌아간다. 최근에는 흰꼬리수리도 가끔 출현하여 탐조인들을 즐겁게 해준다.

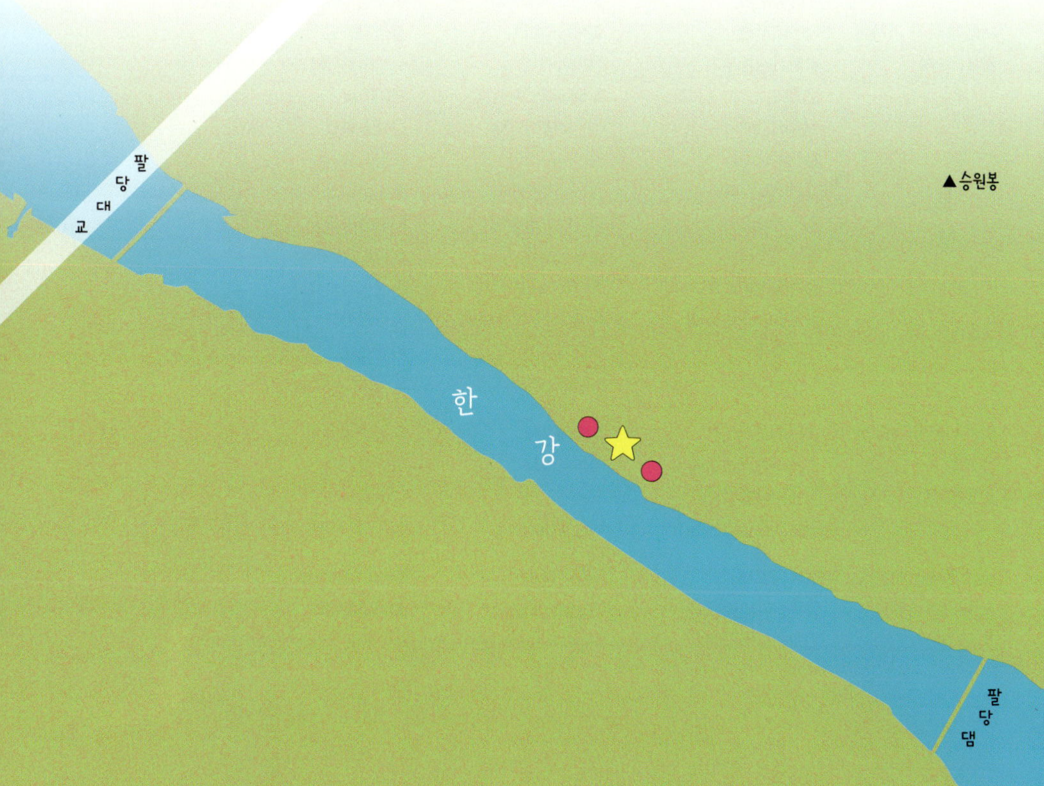

《한국조류목록》 변경 사항
(2025년 6월 개정판)

1) 2009년 기준 추가된 조류

새롭게 추가 기록된 조류(66종)	붉은가슴기러기 흰얼굴기러기 흰얼굴아기오리 북미댕기흰죽지 쇠검은머리흰죽지 흰이마검둥오리 노랑부리검둥오리사촌 꼬마오리 흰배칼새 우는뻐꾸기 작은매사촌 회색가슴뜸부기 큰홍학 흰제비갈매기 뿔제비갈매기 갈색머리갈매기 댕기바다오리 뿔바다오리 검은등알바트로스 검은발알바트로스 검은슴새 적갈색따오기	검은어깨매 검은댕기수리 작은새매 히말라야말똥가리 대륙말똥가리 흰매 갈색할미새사촌 큰부리바람까마귀 덤불때까치 붉은꼬리때까치 회색등때까치 집까마귀 회색머리노랑딱새 작은노랑배박새 흰날개종다리 흰머리검은직박구리 검은턱오목눈이 담황턱솔새 회색머리노랑솔새 회색정수리노랑솔새 큰솔새 노랑배솔새	풀쇠개개비 덤불개개비 쇠덤불개개비 땅개개비 비늘무늬덤불개개비 눈썹웃음지빠귀 검은뿔찌르레기 자바뿔찌르레기 검은머리갈색찌르레기 대륙점지빠귀 갈색지빠귀 회색머리지빠귀 까치딱새 갈색솔딱새 붉은가슴딱새 흰꼬리유리딱새 흰이마딱새 흰죽지검은딱새 푸른머리되새 바위양진이 바위멧새 노랑정수리북미멧새
아종에서 독립종 등 분류체계가 변경된 조류(12종)	큰부리큰기러기 검은이마왕눈물떼새 작은노랑발갈매기 검은가슴할미새사촌	노랑배박새 섬휘파람새 쇠솔새 작은동박새	대륙큰유리새 북방황금새 남방황금새 섬촉새
보류에서 공식 목록으로 변경된 조류(8종)	검은등칼새 알류샨제비갈매기 긴꼬리도둑갈매기	노랑가슴솔새 연노랑허리솔새 쇠긴다리솔새사촌	우수리개개비 쇠바위종다리

※ 파란색 글씨 : 이 책에 실린 조류

2) 2009년 기준 제외된 조류

종 수준에서 아종으로 변경된 조류(2종)	쇠홍방울새(홍방울새)	작은재갈매기(작은흰갈매기)
공식 목록에서 제외된 조류(4종)	미국흰죽지 큰노랑발도요	붉은뺨가마우지 줄무늬노랑발갈매기

3) 조류목록 등록 기준

구분	범주	정의
한국의 조류로 인정하는 종 (공식 목록)	가-1	야생에서 관찰되었으며, 기록의 근거가 명확한 종
	가-2	남한의 기록은 없으나, 북한에는 서식하거나 기록의 근거가 명확한 종
한국의 조류로 인정하지 않는 종(보류 목록)	나	국내에 스스로 도래할" 가능성이 희박하고, 선박 등의 도움으로 이동해 온 것으로 판단되는 종으로 국내에서 야생 개체군을 형성하지 못한 종
	다	한국조류목록(한국조류학회 2009)의 공식 목록에 기재되었으나, 삭제 또는 재검토가 필요한 종
	라	관찰이나 표본 기록에 대한 주장이 있으나, 이를 뒷받침 할 만한 명확한 근거가 부족한 종
	마	인위적으로 도입된 후 사람의 도움 없이 야외에서 자연 번식하거나, 자연 번식의 증거는 없지만 간혹 야생에서 관찰되는 종

도서 및 보고서

가와카미 가즈토 외 지음, 서수지 옮김, 2021, 세상에서 가장 재미있는 83가지 새 이야기, 사람과나무사이

가와카미 가즈토 지음, 김해용 옮김, 2019, 조류학자라고 새를 다 좋아하는 건 아닙니다만, 박하

강승구, 김영건, 정진우, 권인기, 장서윤, 서명호, 2024, 서울 도봉산 매(Falco peregrinus)의 번식 기록, 한국조류학회지, 31(2) pp.154~159.

강승구, 허위행, 이인섭, 2012, 도시 내 황조롱이(Falco tinnunculus)의 둥지 이용 구조물 및 이소시기, 이소 후 유조의 성장률, 한국조류학회지, 19(3), pp.173~183.

국립생태원, 2023, 연구보고서 〈국제적 멸종위기종 뿔제비갈매기 번식생태 및 서식지 연구〉(2차년도)

그레이엄 스콧 지음, 박정우 옮김, 2024, 새의 기원과 진화 그리고 생활사, 지오북

김경태, 이현정, 송원경, 2023, 종간 둥지 탈취로 발생한 박새(Parus major)와 곤줄박이(Parus varius)의 혼합 육추 사례, 한국조류학회지, 30(2), pp.175~180.

김남일, 김대환, 박운남, 박지환, 박헌우, 정진문, 최순규, 2013, 형태로 찾아보는 우리 새 도감, 지성사

김봉균, 어수형, 2024, 농약 중독으로부터 구조, 회복된 국내 월동 참수리(Haliaeetus pelagicus)의 봄철 이동 사례, 한국조류학회지, 31(1), pp.37~42.

김성현, 한영덕, 김나영, 김민한, 도재화, 김선령, 2024, 앙상블 분석을 통한 긴꼬리딱새 서식지 특성 연구, 한국조류학회지, 31(2), pp.208~220.

김영호, 김완병, 오홍식, 2011a, 제주도에서의 긴꼬리딱새 분포현황과 관리방안, 한국조류학회지, 18(2), pp.141~148.

김영호, 김완병, 오홍식, 2011b, 긴꼬리딱새 Terpsiphone atrocaudata의 번식생태에 대한 연구, 한국조류학회지, 18(4), pp.263~272.

김영호, 김완병, 오홍식, 2012a, 긴꼬리딱새(Terpsiphone atrocaudata)의 먹이자원과 급이 비율, 한국조류학회지, 19(1), pp.1~11.

김영호, 김완병, 오홍식, 2012b, 긴꼬리딱새(Terpsiphone atrocaudata)의 둥지 짓기, 한국조류학회지, 19(1), pp.73~86.

김영호, 오홍식, 장용창, 최수산, 2010, 삼광조(Terpsiphone atrocaudata)의 둥지장소 선택 환경, 한국조류학회지, 17(1), pp.11~19.

김용재, 2017, 개개비와 뻐꾸기, 유페이퍼

김우열, 빙기창, 서지혜, 백운기, 이두표, 2021, 봉덕리 고분에서 출토된 금동장식신발 새문양의 형태·생태학적 분석을 통한 천연기념물 따오기 동정, 한국조류학회지, 28(2), pp.137~143.

김진석, 김재훈, 채희영, 황보연, 2021, 태안해안국립공원 바람아래해변에 도래하는 흰물떼새(Charadrius alexandrinus)의 번식생태, 한국조류학회지, 28(2), pp.49~58.

데이비드 로텐버그 지음, 신두석 옮김, 새는 왜 노래하는가?, 2007, 범양사

데이비드 앨런 시블리 지음, 김율희 옮김, 2021, 새의 언어, 윌북

멜리사 마인츠 지음, 김숲 옮김, 2023, 깃털 달린 여행자, 가지

바바라 발렌타인·제러미 하이만 지음, 윤혜영 옮김, 2022, 새의 대화, 시그마북스

박경현, 김지연, 2020, 때까치(Lanius bucephalus)의 비번식기 먹이꽂이 행동에 관한 연구, 한국조류학회

지, 27⑴, pp.41~49.

박종길, 2022, 야생조류 필드 가이드, 자연과생태

박종길, 성진우, 김은정, 박춘구, 남동하, 2022, 황조롱이 Falco tinnunculus의 분류학적 위치에 관한 연구, 한국조류학회지, 29⑵, pp.95~104.

박종길, 전지예, 고정임, 남미경, 신미숙, 이미정, 허섭, 남동하, 2024, 한국 미기록 덤불때까치(Isabelline Shrike, Lanius isabellinus) 첫도래 현황 보고, 한국조류학회지, 31⑵, pp.165~171.

박창욱, 박종현, 이기섭, 고경남, 이경규, 조숙영, 오홍식, 2025, 신안갯벌 일대에서의 검은머리물떼새 번식현황과 행동권 및 번식기 이후 이동양상, 한국조류학회지, 32⑴, pp.13~21.

박철우, 한중수, 안채희, 이황구, 최순규, 2024, 한국조류학회지, 한국 산간 계류에서 번식하는 물까마귀(Cinclus pallasii)의 먹이원 연구, 31⑵, pp.61~69.

박헌우, 최순규, 오동필, 백운남, 2018, 한국에서 뒷부리장다리물떼새의 첫 번식 사례 보고, 한국조류학회지, 25⑵, pp.101~105.

배근원, 진수정, 이진원, 유정칠, 2020, 탁란 조류인 뻐꾸기 Cuculus canorus와 벙어리뻐꾸기 C. optatus의 정자 형태에 대한 보고, 한국조류학회지, 27⑵, pp.120~131.

백충렬, 조삼래, 2010, 보충 산란 유도와 대리모를 이용한 매 Falco peregrinus의 개체수 증식에 관한 연구 : 매와 황조롱이 Falco tinnunculus를 중심으로, 한국조류학회지, 17⑴, pp.45~54.

뱅상 브로타뇰 지음, 정은비 옮김, 2021, 새는 왜 울까?, 민음인

細川傳昭, 2023, 鳥を讀む, 春秋社

소어 핸슨 지음, 하윤숙 옮김, 2013, 깃털, 에이도스

송순창, 송순광, 2017, 한반도의 새, 한길사

스콧 와이덴솔 지음, 김병순 옮김, 2023, 날개 위의 세계, 열린책들

심정훈, 어수형, 2024, 텍스트마이닝과 동시출현단어분석을 활용한 황새속(조류, 황새과)의 연구동향 분석: 황새 보전을 중심으로, 한국조류학회지, 31⑵, pp.77~84.

안느 테세드르 지음, 정은비 옮김, 2021, 새는 왜 날개를 가지고 있을까?, 민음인

양민승, 권인기, 유성연, 황종경, 이선주, 윤종민, 2024, 저어새 집단번식지에서의 포유류 둥지 포식자에 대한 인공 울타리 설치 효과성 실험, 한국조류학회지, 31⑵, pp.160~164.

에이미 탄 지음, 조은영 옮김, 2025, 뒷마당 탐조 클럽, 코쿤북스

요제프 H. 라이히홀프 지음, 박병화 옮김, 2021, 자연은 왜 이런 선택을 했을까?, 이랑

요한 하위징아 지음, 이종인 옮김, 2018, 호모루덴스, 연암서가

유성연, 권인기, 유정칠, 이기섭, 황종경, 박종현, 2023, 인공증식 방사 저어새와 야생 저어새의 서식지 이용 및 이주, 한국조류학회지, 30⑵, pp.73~85.

유성연, 황종경, 윤준희, 주은진, 이선주, 강승구, 김진용, 윤종민, 김희종, 김영준, 이혜림, 이제민, 유재현, 김우영, 문정찬, 최진, 김아름, 김영건, 권인기, 2024, 저어새(Platalea minor) 복원을 위한 인공증식 기술 개발, 한국조류학회지, 31⑵, pp.231~240.

이상규, 2004, 개개비 둥지 속의 새끼 뻐꾸기, 문예촌

이우만, 2020, 새들의 밥상, 보리

이우신 외, 2014, 한국의 새, LG상록재단

이우신, 2021, 한국의 새 생태와 문화, 지오북

이윤경, 김우영, 강지현, 유성연, 차현기, 이상연, 노두리, 2021, 한국의 뿔제비갈매기(Thalasseus bernsteini) 도래 시기와 번식 현황, 한국조류학회지, 28⑵, pp.66~74.

이윤경, 노두리, 김지영, 2024, 뿔제비갈매기(Thalasseus bernsteini)의 외형적 특징을 이용한 개체 식별, 한국조류학회지, 31⑵, pp.126~133.

이윤경, 황현수, 노두리, 김지영, 2024, 괭이갈매기 집단번식지에서 뿔제비갈매기의 둥지 장소 선택에

미치는 지형적, 생물학적 요소, 한국조류학회지, 31⑵, pp.143~150.

이장희, 2023, 필드 촬영 가이드, ㈜니콘이미징코리아

이정은, 정은영, 김석예, 성하철, 2012, 번식 쇠제비갈매기(Sterna albifrons)에 대한 인간의 방해 효과, 한국조류학회지, 19⑵, pp.93~103.

이진희, 백충렬, 정진우, 염광석, 조삼래 2011, 한국에서의 참매 Accipiter gentilis 번식생태 연구, 한국조류학회지, 18⑵, pp.171~180.

이진희, 이상연, 최순규, 백충열, 2019, 수리부엉이 Bubo bubo의 번식기 의상행동(broken wing display)에 관한 보고, 한국조류학회지, 26⑵, pp.79~82.

임봉덕, 2022, 한국의 조류 번식생태 도감

정진우, 박선욱, 2024, 기후변화 시나리오에 따른 팔색조와 긴꼬리딱새의 현재 및 미래 분포 변화 예측, 한국조류학회지, 31⑵, pp.221~230.

제니퍼 애커먼 지음, 김소정 옮김, 2017, 새들의 천재성, 까치

제니퍼 애커먼 지음, 조은영 옮김, 2022, 새들의 방식, 까치

조너선 와이너 지음, 양병찬 옮김, 2017, 핀치의 부리, 동아시아

진수정, 이진원, 유정칠, 2020, 두견이아과 탁란 조류의 숙주 종 수 차이를 일으키는 요인에 대한 연구, 한국조류학회지, 27⑴, pp.30~35.

최순규·박정미, 2023, 우리 동네 새 사전, 비글스쿨

최순규, 박철우, 한중수, 안채희, 이황구, 2025, 물까마귀의 서식지 선택 특성과 기후·환경 요인 간의 관계, 한국조류학회지, 32⑴, pp.22~30

최은호, 서홍덕, 박찬열, 2023, 문헌 및 시민과학 자료 분석에 기반한 국내 야생조류의 먹이식물 목록화, 한국조류학회지, 30⑵, pp.151~174.

최종수, 2016, 새와 사람, Green Home

최창용, 남현영, 박세영, 강화연, 2020, 어린 대륙검은지빠귀(Turdus mandarinus)의 봄철 이동 사례, 한국조류학회지, 27⑵, pp.116~119.

최혁준, 김한규, 유성연, 박용수, 2024, 야생생물 '관찰종'의 정량적 현황과 추세 평가: 흰눈썹황금새와 노랑때까치 연구 사례, 한국조류학회지, 31⑵, pp.248~253.

통영거제환경연합, 2023. 11, '팔색조의 고향 노자산을 지켜라 시즌3 보고서'

티모시 비틀리 지음, 김숲 옮김, 2022, 도시를 바꾸는 새, 원더박스

팀 버케드 지음, 노승영 옮김, 2015, 새의 감각, 에이도스

POMP LAB 편저, 이진원 옮김, 2022, 새 먹이 도감, 보누스

POMP LAB 편저, 이진원 옮김, 2022, 새 행동 도감, 보누스

필리프 J. 뒤부아, 엘리즈 루소 지음, 맹슬기 옮김, 2019, 새들에 관한 짧은 철학, 다른

홍길표, 이주현, 김세영, 김재훈, 성하철, 2022, 음성신호를 이용한 팔색조 Pitta nympha 모니터링 및 음성반응 연구, 한국조류학회지, 29⑵, pp.40~47.

기타 자료

The Science Times, 2024.10.15., '다윈의 핀치새, 가뭄 6번 후 부리 모양과 노랫소리 달라져'

강원도민일보, 2023.1.26., 〈국내 희귀종 '은둔의 고수' 알락해오라기, 철원서 발견〉, 이재용 기자

국립공원공단, 2023.12.20., 보도자료 '국내 미기록 조류 새만금환경생태단지에서 첫 발견'

중앙일보, 2014. 5. 28., 〈안성식 기자의 새 이야기 3〉 솔잣새

한국과총, 2024, 과학과 기술, 2024. 11월호

헤럴드경제, 2024. 1. 9., "까마귀야?" 검은 새 수백마리 득실… 소름끼치는 美쇼핑몰, 무슨 일?